电力变压器丛书

电力变压器铁心制造概要

刘 超　张亚平　杨立拥　主编

上海交通大学出版社
SHANGHAI JIAO TONG UNIVERSITY PRESS

内容提要

本书专为初入变压器铁心制造领域的技术人员及电工装备维护人员量身打造,旨在提供快速掌握变压器铁心制造及相关知识的途径。全书共 7 章,第 1～5 章深入浅出地介绍变压器铁心的基础理论与实践知识,涵盖铁心简介、图纸解读、制造流程等核心内容;第 6 章介绍现代自动叠片设备及产线的相关内容,帮助读者了解高效生产的实现方式;第 7 章对电工装备中常见的元器件进行详细介绍,增加读者的实操能力。

本书融合电力变压器技术的专业内容,以及编者丰富的行业经验和独到见解,是一本系统性、实用性并重的入门指南,特别适合希望在短时间内提升专业技能的相关从业者阅读。

图书在版编目(CIP)数据

电力变压器铁心制造概要／ 刘超,张亚平,杨立拥
主编. -- 上海 : 上海交通大学出版社, 2024. 11 -- ISBN
978-7-313-31808-4

Ⅰ. TM41

中国国家版本馆 CIP 数据核字第 2024VX6513 号

电力变压器铁心制造概要
DIANLI BIANYAQI TIEXIN ZHIZAO GAIYAO

主　　编:刘　超　张亚平　杨立拥			
出版发行:上海交通大学出版社	地　　址:上海市番禺路 951 号		
邮政编码:200030	电　　话:021 - 64071208		
印　　制:上海新华印刷有限公司	经　　销:全国新华书店		
开　　本:787 mm×1092 mm　1/16	印　　张:7.75		
字　　数:134 千字			
版　　次:2024 年 11 月第 1 版	印　　次:2024 年 11 月第 1 次印刷		
书　　号:ISBN 978 - 7 - 313 - 31808 - 4			
定　　价:38.00 元			

铁心作为电力变压器的核心部件之一,其性能优劣直接决定电力变压器工作时的能耗、噪声等重点性能指标。铁心的制造过程也在"由全人工完成"向"少数规格型号订制自动化设备完成"逐步过渡。今后,随着软件技术的发展、传感器技术的升级,自动叠装设备将逐渐完善,其生产效率也将逐渐提升。

由于结构形式和材料的原因,铁心的种类较多。不同种类的铁心,其制造工艺差异比较大,自动化程度或设备使用率也有较大的差别。所以,在生产效率和产能上,不同种类的铁心各有优缺点。作为变压器行业的从业者对不同的铁心都要有所了解。

本书介绍变压器铁心基础知识、制造工艺过程、自动叠铁心设备,以及常见的气动、电气、液压、传感器等,旨在向初次接触电力变压器行业的从业者或工程师介绍铁心的基本知识,分享编者从事电力变压器行业核心装备研发及数字化升级改造多年来的经验,以期互相学习、共同进步。

本书的编写得到海安上海交通大学智能装备研究院、江苏瑞恩电气有限公司、江苏北辰互邦电力股份有限公司等大力支持,在此一并致以衷心的感谢! 还要感谢变压器行内多位专家的指导!

此外,编者在此还要对本书中提及、引用、借鉴、参考了相关设备资料,或对本书编写提供过帮助的 GEORG(德国海因里希乔格公司)、Tuboly-Astronic、MTM[①]、LAE[②]、soenen[(比利时索能公司)]、中节能西安启源机电装备有限公司、山东英博电力设备有限公司、江苏京天下电气科技有限公司、南通思瑞机器制造有限公司、江阴如一科技发展有限公司、江苏森蓝智能系统有限公司、江苏克莱恩电气设备有限公司、北京中都百晓生科技有限公司、海南金盘智能科技股份有限公司、科大智能科技

---

①   Micro TooL & Machine Ltd。
②   LUGHESE ATTREZZATURE PER LÂ ELETTROME-CCANICA S.R.L.。

股份有限公司、中国电气工业协会、安川首钢机器人有限公司、川崎机器人、库卡机器人(上海)有限公司、ABB 等企业、组织或个人表现衷心的感谢！

  由于编者水平有限，书中难免存在错误或不当之处，衷心欢迎广大读者批评指正。相关建议或意见可发至邮箱 zhangyaping@jiaoruitech.com。

目录

第 *1* 章

变压器铁心基础

1.1 铁心的发展历程与分类

1.1.1 铁心的发展历程

　　1885 年前,匈牙利冈茨工厂的布拉堤、德利和齐佩诺夫斯基三位年轻的工程师制造出了世界上第一台闭磁路交流电压变换装置,并将它命名为"变压器"。变压器一词由此诞生。

　　布拉堤等人的发明实质上就是铁心磁路。他们首先明确指出,闭磁路铁心对在制造大型变压器时,尤其具有重要意义。100 多年来,变压器的发展历程就是变压器铁心结构的发展历程。

　　最初形式的单相变压器铁心如图 1 - 1 和图 1 - 2 所示,它们是采用铁丝卷制而成的。图 1 - 1 为空心圆环形铁心,它绕在线圈的外面,其空心部分为线圈;图 1 - 2 为实心方形铁心,这与一般的形式一样,它的外面卷制线圈。

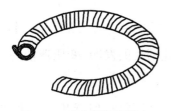
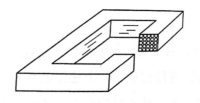

图 1 - 1　空心圆环形铁心　　　　图 1 - 2　实心方形铁心

　　之后不久,变压器铁心采用长条铁心片叠成,如图 1 - 3 所示。在闭磁路铁心变压器已得到应用之后,1889 年斯温伯恩发明了开磁路变压器,如图 1 - 4 所示。用作铁心的铁心束伸出线圈端部,并向外弯折,根据其形状取名为"刺猬变压器"。

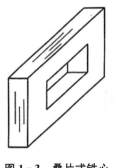
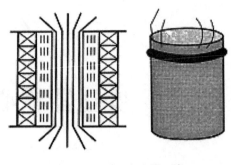

图1-3　叠片式铁心　　　　　　图1-4　刺猬变压器示意

在硅钢片问世之前,闭磁路铁心的铁损问题曾是个相当困惑的问题。刺猬变压器就是在这种条件下发明的。

1891年,三相制交流供电线路诞生,当时德国通用电气公司(AEG)的多列沃-多波洛沃尔斯基最初设计的三相变压器铁心是采用两个同心布置的铁圆环、带有三个辐向心柱的形式,如图1-5所示。之后,他又设计了立体式结构,如图1-6所示。

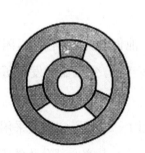

图1-5　辐射式　　　　　　　图1-6　立体式

在进一步研究立体式铁心端部闭合环(铁轭)的磁通分布之后,多列沃-多波洛沃尔斯基认为闭合环可以展开为一个平面,这就是当今通用的三相平面式铁心。至此,1891年他完成了变压器的发明阶段,以后随着硅钢片的发明、变压器油的出现,20世纪30年代,变压器从结构上已经定型。

三相平面式铁心虽然在变压器发展的早期就已形成,但近几十年来在具体结构上仍有相当大的变化。如铁心的接合面由整体对接改为分片搭接,提高性能,增加可靠性;铁心片的接缝由直接缝改为全斜接缝,以适应取向硅钢片的性能。铁心的夹紧方式由穿心螺杆夹紧改为树脂浸渍玻璃纤维绑扎带、金属拉带或钢拉带扎紧,减少了损耗,提高了绑扎质量,从而发展成为现代的搭接、全斜、绑扎的大型变压器铁心。随着容量的增大和电压等级的增高,又出现了单相三柱、三相五柱、单相四柱等形式的铁心。

随着加工手段的不断提高,加工设备的不断更新,国内、外在大、中型变压器的制造方面,各制造厂已先后实现或部分实现了不压毛、不退火、不涂漆、不冲孔和不叠上铁轭的制造工艺。

1.1.2　铁心的分类

变压器铁心的基本类型分为壳式铁心和心式铁心两种。这两种铁心结构形式同时也决定了变压器分为壳式和心式两种形式。

这两种基本铁心类型的主要区别在于铁心和线圈的相对位置。简单地说,铁心被线圈包围的结构形式为心式;反之,铁心包围线圈的结构形式为壳式,壳式铁心一般是水平放置的,心柱截面为矩形,每柱有两个旁轭,所放线圈同时也是矩形线圈。壳式铁心的优点是铁心片规格少,夹紧和固定方便,漏磁通有闭合回路,附加损耗小,易于油的对流和散热;其缺点是线圈为矩形,工艺特殊,绝缘结构复杂,可维修性较差。而且,相对心式而言,其成本较高。

心式铁心一般是垂直放置的,铁心截面多为分级圆柱式。心式铁心的优点是圆形线圈制造相对方便,短路时的辐向稳定性好,硅钢片用量同时也相对较少;其缺点是铁心叠片的规格较多,心柱的绑扎和铁轭的夹紧要求较高。一般而言,壳式变压器承受短路的能力较强。心式和壳式两种结构各有特色,由于其结构所决定的制造工艺大有区别,因此制造厂一旦选定了其主导结构,则很难转而生产另一种结构。日本的三大变压器制造公司,东芝集团和日立集团皆以生产心式变压器为主,三菱集团则以生产壳式变压器为主。在我国近千家变压器制造厂皆生产心式变压器,只有保定等少数厂家与外国公司合作生产大型壳式变压器,贵阳变压器厂等也生产一些工业用壳式变压器。

按外形分类,可分为平面式铁心和立体式铁心。

(1) 平面式铁心。现代电力变压器所普遍采用的铁心结构,其心柱及铁轭均在一个平面内,因此称为平面式铁心。平面式铁心结构,按其相数和心柱形式又可细分为多种结构形式。

常用平面式铁心的结构形式有单相双柱式、三相三柱式、三相五柱式及单相双框式等,具体的结构特点将在下面的内容中进行介绍。

（2）立体式铁心。简单地说，心柱和铁轭不在同一个平面内的铁心结构形式称为立体式铁心。立体式铁心的应用范围较小，人们一般把它称之为特种铁心结构形式，如图 1-7 所示。主要包括辐射式[见图 1-7(a)]、渐开线式[见图 1-7(b)]和 Y 形铁心[见图 1-7(c)]等。

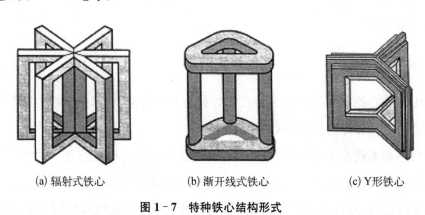

(a) 辐射式铁心　　　　　(b) 渐开线式铁心　　　　　(c) Y形铁心

图 1-7　特种铁心结构形式

由于辐射式、渐开线式和 Y 形铁心的应用相对较少，所以这里不再做过多的介绍。

按相数分类，可分为单相铁心和三相铁心。

简单地说，用于单相变压器的铁心统称为单相铁心，用于三相变压器的铁心统称为三相铁心。

变压器铁心按其紧固方式可分为穿心螺杆式铁心和玻璃纤维绑扎带绑扎式铁心。

（1）穿心螺杆式铁心。在我国，20 世纪 70 年代前所生产的变压器铁心，一般皆为采用穿心螺杆夹紧的方式。这种结构的主要特点是铁心的整体强度较好、夹紧力较大。但它的最大缺点是制造工艺复杂，由于硅钢片冲孔而减少了铁心的有效截面积，从而使空载损耗和空载电流增大。因此，目前已基本淘汰且被绑扎式铁心所取代。

（2）绑扎式铁心。绑扎式铁心一般均采用树脂浸渍玻璃纤维绑扎带进行绑扎。对于绑扎式铁心，有时也可采用钢带夹紧，但一般只用于旁轭，很少有用于心柱的绑扎，并且采用钢带夹紧时，必须以绝缘环进行中间隔断，以避免形成短路环。变压器铁心采用绑扎结构不仅可以简化操作工艺，同时也起到了改善铁心空载性能的作用。

按铁轭与心柱的装配方式，铁心可分为对装式和叠装式两种。

（1）对装式铁心。对装式铁心的心柱与铁轭是单独叠装的，当套完线圈之后才将两者组装成一个整体。组装时在心柱与铁轭的接合面间应垫有绝缘垫，以防止铁心在励磁状态下各叠片在铁心柱端面形成短路。此结构铁心的缺点是励磁电流较大，铁心安全工作的可靠性较低。此外铁心柱与铁轭之间必须有较为复杂的拉紧装置，以保证在短路力的作用下两者不分开。因此，此结构的应用有一定的局限性，现代的变压器铁心一般都不采用这种结构形式。

（2）叠装式铁心。叠装式铁心是目前所普遍采用的铁心装配方式。铁心装配时，其心柱与铁轭的铁心片是一片或几片交替地搭接在一起，使上下两层硅钢片的对接缝交替错开，互相遮盖。这样既保证了铁心的机械强度，同时也使铁心的励磁性能比对装式得到了改善，励磁电流和空载损耗明显地得到降低。另外，由于叠片表面存在绝缘涂层，从而可避免对装式铁心可能发生短路的缺点。目前，国内、外的大型变压器铁心均趋向于采用全斜接缝叠积式，接缝角度以 45°角较为普遍，特殊情况下也采用 30°/60° 和 42°/48° 等。

总而言之，变压器铁心的分类方法很多，除了上述方法之外，还可以按心柱数以及框数等进行分类，这里不做详细介绍。

1.2 铁心的组成与作用

1.2.1 铁心的组成

变压器铁心的组成，除了铁心（导磁体）本身之外，还应包括紧固结构、绝缘结构、接地结构、散热结构，以及其他铁心附件等部分。

铁心本身是一种用来构成磁回路的框形闭合结构，其中套线圈的部分称为心柱，不套线圈的部分称为铁轭。另外，铁轭又分上轭、下轭和旁轭之分。现代变压器铁心，其心柱和铁轭一般均在同一个平面内，即平面式铁心。对于心柱间或心柱与旁轭间的窗口，习惯称之为铁窗。以三相五柱式铁心为例，铁心结构示意图如图 1-8 所示。

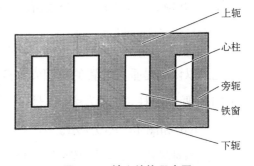

图 1-8 铁心结构示意图

1.2.2　铁心的作用

1）电磁方面的作用

变压器是利用电磁感应原理制成的静止的电气设备,铁心和线圈是变压器的两大部分。线圈是变压器的电路,铁心是变压器的磁路。当一次侧线圈接入电压时,铁心中便产生了随之变化的磁通,由于此变压器的磁通同时又交联于二次侧线圈,根据感应原理,在变压器二次侧线圈中产生感应电动势。若二次侧线圈为闭合回路,则会有电流流过。根据电磁感应原理,变压器铁心起到了把一次测线圈输送进来的电能传到二次侧线圈再输送出去的媒介作用。

2）机械方面的作用

铁心是变压器器身的骨架,变压器的线圈套在铁心柱上,引线、导线夹、开关等都固定在铁心的夹件上。另外,变压器内部的所有组件、部件都是靠铁心固定和支撑的。

1.3　常用铁心的结构形式

1.3.1　单相双柱式铁心

铁心的结构形式如图 1-9(a)所示。两个铁心柱上均套有线圈,柱铁与轭铁的铁心叠片以搭接方式叠积而成。此种铁心结构形式简单,所需工装设备较少。

工作状态下,流经心柱的磁通等于流经铁轭的磁通。因此,在柱轭两者磁通密度相同的情况下,两者的横截面积应该是相等的。此结构铁心为一种典型的铁心结构形式,广泛适用于各种单相变压器中。

1.3.2　单相三柱(或四柱)式铁心

单相三柱式铁心即单相单柱旁轭式铁心,中间为一个心柱,两边为旁轭,实际上它也可以认为是垂直放置的单相壳式铁心;单相四柱式铁心即单相双柱旁轭式铁心,中间为两个心柱,两边为旁轭,是上述结构的派生结构。它们的结构形式分别如图 1-9(b)和图 1-9(c)所示。

此两种铁心形式,其旁轭上有时会套装调压或励磁线圈。在磁路方面,磁路左右是对称的,因此上下轭和旁轭中的磁通均等于心柱中的1/2。在磁通密度相同的情况

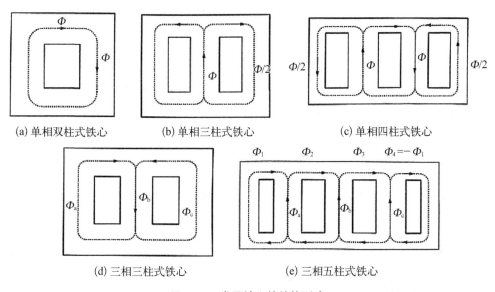

　(a) 单相双柱式铁心　　　　(b) 单相三柱式铁心　　　　(c) 单相四柱式铁心

　　　(d) 三相三柱式铁心　　　　　(e) 三相五柱式铁心

图 1-9　常用铁心的结构形式

下,铁轭截面积为心柱截面积的 1/2。应该注意的是,对单相两柱旁轭式铁心,两心柱中磁通方向是相反的。

　　在铁心设计时,采用此结构可降低铁轭的高度,从而也就降低了铁心的总高度,便于产品的运输,并有利于减少铁心的附加损耗,但铁心的体积较大,制造时硅钢片的用量较多。

　　此形式铁心适用于高电压大容量的单相电力变压器或大电流变压器,如 ODFPS-250 000 kVA/500 kVA 特大型电力变压器(见图 1-10)。

图 1-10　ODFPS-250 000 kVA/500 kVA 特大型电力变压器

1.3.3　三相三柱式铁心

三相三柱式铁心的三个铁心柱上均套有线圈,每柱作为一相,分别被称为 A 相、B 相和 C 相。铁心柱与铁轭的铁心叠片以搭接方式叠积而成,其结构形式如图 1 - 9(d)所示。此铁心结构形式简单,制造时所需工装设备较少。

在励磁状态下,A、C 相心柱的磁通分别等于左右两半部分铁轭的磁通,因此设计时心柱截面可等于铁轭截面,但是两部分磁通在相位上却并非同相。由于三相三柱式铁心是在三个单相的基础上组合变化而成的,因此此种铁心的磁路是不平衡的,中间磁路相对较短,空载电流相应小一些。

此种形式的铁心一般适用于容量在 120 000 kVA 以下的各种三相心式变压器。

1.3.4　三相五柱式铁心

为了降低大型三相变压器的运输高度,在原三相三柱式变压器铁心的基础上衍化而成了三相五柱式铁心结构。简单地说,就是将三相三柱式铁心的上下轭的一部分移到 A、C 相铁心柱的两侧而形成的旁轭,从而将铁心的整体高度降低,其结构形式如图 1 - 9(e)所示。因此,三相五柱式铁心,又称为三相三柱旁轭式铁心。

铁心中间的三个柱为心柱,各自为一相,分别称之为 A、B、C 三相,用来套装变压器线圈;两边的两个柱为旁轭,或称为旁柱。

励磁时铁轭磁通为心柱磁通的 $1/\sqrt{3}(\approx 0.577)$,因此在保证心柱与铁轭磁通密度相同的情况下,将此形式铁心的上下轭截面分别设计为心柱截面的 $1/\sqrt{3}$,从而使铁心高度比三相三柱式降低 $2(1 - 1/\sqrt{3}) \approx 0.85$ 铁心高。

此种结构形式的铁心主要适用于大容量的三相电力变压器中,一般使用在 120 000 kVA 以上容量。

1.3.5　壳式变压器铁心

壳式变压器铁心是不同于心式铁心的另一种铁心结构形式,它的心柱与铁轭截面形状皆为矩形。由于目前此类变压器铁心在国内的大型变压器制造厂应用相对较少,而且其磁通的分布和分析方法与心式铁心基本相同,因此这里不再做过多的介绍。

第2章

平面叠铁心图纸解读

　　一般情况下，一套完整的平面叠铁心图包括铁心装配图、铁心图、夹件图、底脚图、拉板图等。作为铁心制造相关的从业者或电工装备研发的工程师，对上述图纸都需要进行全面的了解，以避免在工作中出现差错。尤其是对于从事电工装备研发的工程师，需要详细了解每一个零件的尺寸，以及零件之间的装配位置关系，以便于设计出最符合生产工艺需要的机构。因此，对于铁心图纸的解读需要尽可能专业与仔细。本章接下来将着重介绍对平面叠铁心图纸的解读。

　　平面叠铁心图纸是铁心剪叠操作人员和电工装备研发工程师需要重点关注的图纸。其中的重要尺寸和参数是剪叠操作和研发设计的重要指标。

　　解读平面叠铁心图纸需要从型号、片形名称、步进方向、接缝级数、轭截面形状、材料代号和下料尺寸表几个方面进行。接下来，以某变压器生产厂家的铁心图为例，从以上几个方面对铁心图进行详细解读。

2.1 型号

　　图2-1所示铁心型号为"SCB10-630/10"，该型号即该铁心装配成变压器的型号。要想解读这个型号的意义，还需要从变压器的型号解读开始。

　　因为变压器分为干式和油浸式两种，其型号略有差别，所以接下来对这两种形式分别介绍。

2.1.1 干式变压器型号解读

　　干式变压器的名称通常是由字母和代号组成，如图2-2所示。名称中的字母SC(B)分别表示三相、浇注、箔绕。阿拉伯数字分别表示性能等级代号、额定容量值和电

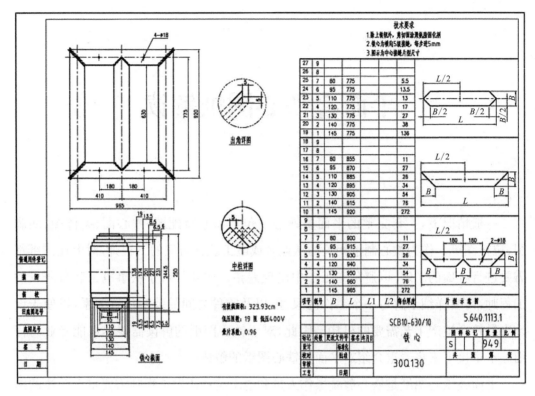

图 2-1　铁心图

图 2-2　干式变压器型号组成

压等级值。

图 2-1 所示铁心型号"SCB10-630/10"表示：三相浇注箔绕性能等级代号 10，额定容量为 630 kVA，高压绕组额定电压等级为 10 kV 的干式变压器。其中需要说明的是，不同性能等级对应的损耗要求不同。另外，性能等级代号与能效等级有所不同，在此需要了解两者之间存在区别。SCB12 型、SCB13 型变压器损耗如表 2-1 和表 2-2 所示。

表 2 - 1　10 kV 级 SCB12 型变压器技术数据表

额定容量 /(kVA)	联结组 标号	电压组合 /kV	空载电流 /A	空载损耗 /W	不同绝缘耐热等级下的 负载损耗/W			短路阻抗 /Ω
					$B(100\ ℃)$	$F(120\ ℃)$	$H(145\ ℃)$	
30			2.4	150	670	710	760	4.0
50			2.4	215	940	1 000	1 070	4.0
80			1.8	295	1 290	1 380	1 480	4.0
100			1.8	320	1 480	1 570	1 690	4.0
125			1.6	375	1 740	1 850	1 980	4.0
160			1.6	430	2 000	2 130	2 280	4.0
200			1.4	495	2 370	2 530	2 710	4.0
250			1.4	575	2 590	2 760	2 960	4.0
315			1.2	705	3 270	3 470	3 730	4.0
400			1.2	785	3 750	3 990	4 280	4.0
500	Yyn0 Dyn11	(6~11)± 2×2.5%/ 0.4	1.0	930	4 590	4 880	5 230	4.0
630			1.0	1 070	5 530	5 880	6 290	4.0
630			1.0	1 040	5 610	5 960	6 400	6.0
800			1.0	1 215	6 550	6 960	7 460	6.0
1 000			1.0	1 415	7 650	8 130	8 760	6.0
1 250			1.0	1 670	9 100	9 690	10 370	6.0
1 600			1.0	1 960	11 000	11 700	12 500	6.0
2 000			0.8	2 440	13 600	14 400	15 500	6.0
2 500			0.8	2 880	16 100	17 100	18 400	6.0
1 600			1.0	1 960	12 200	12 900	13 900	8.0
2 000			0.8	2 440	15 000	15 900	17 100	8.0
2 500			0.8	2 880	17 700	18 800	20 200	8.0

表 2-2 10 kV 级 SCB13 型变压器技术数据表

额定容量/(kVA)	联结组标号	电压组合/kV	空载电流/A	空载损耗/W	不同绝缘耐热等级下的负载损耗/W			短路阻抗/Ω
					B(100 ℃)	F(120 ℃)	H(145 ℃)	
30			2.4	135	605	640	685	4.0
50			2.4	195	845	900	965	4.0
80			1.8	265	1 160	1 240	1 330	4.0
100			1.8	290	1 330	1 410	1 520	4.0
125			1.6	340	1 560	1 660	1 780	4.0
160			1.6	385	1 800	1 910	2 050	4.0
200			1.4	445	2 130	2 270	2 440	4.0
250			1.4	515	2 330	2 480	2 660	4.0
315			1.2	635	2 940	3 120	3 350	4.0
400			1.2	705	3 370	3 590	3 850	4.0
500	Yyn0 Dyn11	6~11± 2×2.5%/ 0.4	1.0	835	4 130	4 390	4 700	4.0
630			1.0	965	4 970	5 290	5 660	4.0
630			1.0	935	5 050	5 360	5 760	6.0
800			1.0	1 090	5 890	6 260	6 710	6.0
1 000			1.0	1 270	6 880	7 310	7 880	6.0
1 250			1.0	1 500	8 190	8 720	9 330	6.0
1 600			1.0	1 760	9 940	10 500	11 300	6.0
2 000			0.8	2 190	12 200	13 000	14 000	6.0
2 500			0.8	2 590	14 500	15 400	16 600	6.0
1 600			1.0	1 760	11 000	11 600	12 500	8.0
2 000			0.8	2 190	13 500	14 300	15 400	8.0
2 500			0.8	2 590	15 900	17 000	18 200	8.0

从表 2-1 和表 2-2 的对比中可以看出,同样电压等级相同容量不同性能代号的变压器技术参数是不同的。比如,SCB12-630/10 型(短路阻抗 4.0 Ω)变压器空载损耗为 1 070 W,而 SCB13-630/10 型(短路阻抗 4.0 Ω)变压器的空载损耗则为 965 W。

结合其他性能等级的技术参数表可以得知,性能代号数字越大,代表性能等级越高,反映到空载损耗值上也就越小。能效等级则需要对照 GB 20052—2020《电力变压器能效限定值及能效等级》标准中给出的各级能效,如表 2-3 所示。

由表 2-3 可知,用电工钢带生产的 630 kVA 容量的变压器 1 级能效损耗为 775 W,2 级能效为 910 W,3 级能效为 1 070 W。因此,SCB12 型、SCB13 型都只能达到 3 级能效。

GB 20052—2020《电力变压器能效限定值及能效等级》标准提高变压器的空载损耗和负载损耗指标要求,使之达到世界领先水平,对促进电力变压器产品节能降耗和产业升级起到积极作用。

干式变压器、成品铁心和叠装完成的铁心示例,如图 2-3 所示。

(a) 成品变压器　　　　　　(b) 成品铁心　　　　　　(c) 叠装完成的铁心("日"字形)

图 2-3　干式变压器和铁心图

2.1.2　油浸式变压器型号解读

油浸式变压器的名称组成与干式变压器的类似,通常也是由字母和阿拉伯数字组合而成,如图 2-4 所示。名称中的字母为表示三相的"S",表示有载调压的"Z"和表示全密封的"M"。阿拉伯数字 9 表示设计水平代号,还有两个数字,一个表示额定容量,另一个表示高压绕组的电压等级。

油浸式变压器、成品铁心和叠装完成的铁心示例,如图 2-5 所示。

GB 20052—2020《电力变压器能效限定值及能效等级》标准中同样规定油浸式变压器的空载损耗和负载损耗限值。

表 2-3 10 kV 干式三相双绕组无励磁调压配电变压器能效等级

额定容量/kVA	1级 电工钢带 空载损耗/W	1级 电工钢带 B(100℃)	F(120℃)	H(145℃)	1级 非晶合金 空载损耗/W	B(100℃)	F(120℃)	H(145℃)	2级 电工钢带 空载损耗/W	B(100℃)	F(120℃)	H(145℃)	2级 非晶合金 空载损耗/W	B(100℃)	F(120℃)	H(145℃)	3级 电工钢带 空载损耗/W	B(100℃)	F(120℃)	H(145℃)	3级 非晶合金 空载损耗/W	B(100℃)	F(120℃)	H(145℃)	短路阻抗/Ω
30	105	605	640	685	50	605	640	685	130	605	640	685	60	605	640	685	150	670	710	760	70	670	710	760	4.0
50	155	845	900	965	60	845	900	965	185	845	900	965	75	845	900	965	215	940	1000	1070	90	940	1000	1070	
80	210	1160	1240	1330	85	1160	1240	1330	250	1160	1240	1330	100	1160	1240	1330	295	1290	1380	1480	120	1290	1380	1480	
100	230	1330	1415	1520	90	1330	1410	1520	270	1330	1415	1520	110	1330	1415	1520	320	1480	1570	1690	130	1480	1570	1690	
125	270	1565	1665	1780	105	1560	1660	1780	320	1565	1665	1780	130	1565	1665	1780	375	1740	1850	1980	150	1740	1850	1980	
160	310	1800	1915	2050	120	1800	1910	2050	365	1800	1915	2050	145	1800	1915	2050	430	2000	2130	2280	170	2000	2130	2280	
200	360	2135	2275	2440	140	2130	2270	2440	420	2135	2275	2440	170	2135	2275	2440	495	2370	2530	2710	200	2370	2530	2710	
250	415	2330	2485	2665	160	2330	2480	2660	490	2330	2485	2665	195	2330	2485	2665	575	2590	2760	2960	230	2590	2760	2960	
315	510	2945	3125	3355	195	2940	3120	3350	600	2945	3125	3355	235	2945	3125	3355	705	3270	3470	3730	280	3270	3470	3730	
400	570	3375	3590	3850	215	3370	3590	3850	665	3375	3590	3850	265	3375	3590	3850	785	3750	3990	4280	310	3750	3990	4280	
500	670	4130	4390	4705	250	4130	4390	4700	790	4130	4390	4705	305	4130	4390	4705	930	4590	4880	5230	360	4590	4880	5230	
630	775	4975	5290	5660	295	4970	5290	5660	910	4975	5290	5660	360	4975	5290	5660	1070	5530	5880	6290	420	5530	5880	6290	
630	750	5050	5365	5760	290	5050	5360	5760	885	5050	5365	5760	350	5050	5365	5760	1040	5610	5960	6400	410	5610	5960	6400	
800	875	5895	6265	6715	335	5890	6260	6710	1035	5895	6265	6715	410	5895	6265	6715	1215	6550	6960	7460	480	6550	6960	7460	6.0
1000	1020	6885	7315	7885	385	6880	7310	7880	1205	6885	7315	7885	470	6885	7315	7885	1415	7650	8130	8760	550	7650	8130	8760	
1250	1205	8190	8720	9335	455	8190	8720	9330	1420	8190	8720	9335	550	8190	8720	9335	1670	9100	9690	10370	650	9100	9690	10370	
1600	1415	9945	10555	11320	530	9940	10500	11300	1665	9945	10555	11320	645	9945	10555	11320	1960	11050	11730	12580	760	11050	11730	12580	
2000	1760	12240	13005	14005	700	12200	13000	14000	2075	12240	13005	14005	850	12240	13005	14005	2440	13600	14450	15560	1000	13600	14450	15560	
2500	2080	14535	15445	16605	840	14500	15400	16600	2450	14535	15445	16605	1020	14535	15445	16605	2880	16150	17170	18450	1200	16150	17170	18450	

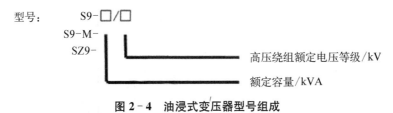

图 2 - 4　油浸式变压器型号组成

S—三相(SAN)；　　　　　　　　　M—全密封；

9—设计水平代号(与技术参数有关)；　Z—有载调压

(a) 成品变压器

(b) 成品铁心

(c) 叠装完成的铁心("日"字形)

图 2 - 5　油浸式变压器和铁心图

2.2　片形名称

上一章介绍铁心结构时,涉及了"心柱"和"铁轭"两个概念。通常情况下,叠制铁心时需要了解到两种片形(轭片和柱片),如图 2 - 6 所示。

"日"字形铁心每一层由两片轭片和三片柱片组成。轭片包括上轭片和下轭片,柱片包括左边片、中柱片和右边片。

定义这些片形名称与铁心的夹件和观察的方向有关。定义上下轭片时,根据轭片下放置的夹件来进行区分,放置在上夹件之上的轭片称为上轭片,放置在下夹件之上的轭片称为下轭片。所谓"上""下",是根据铁心起立后夹件的位置确定的。铁心起立后,"日"字形铁心由水平姿态变为垂直姿态,上方的一对夹件称为上夹件,下方的一对夹件称为下夹件。上下夹件在设计上存在差别。当然,在选用上下夹件时还需要注意,同一对夹件之间还分高压侧夹件与低压侧夹件。高低压侧的夹件在设计上也存在差别。

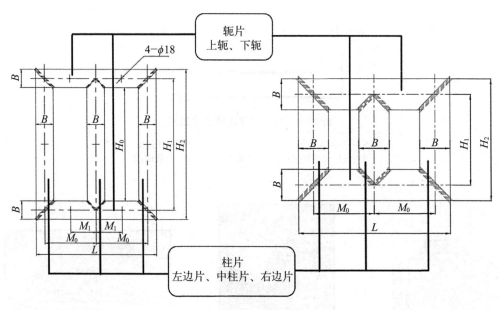

图 2‑6 片形名称图

定义左右边柱主要是在机器叠装时,为设计机构或设备调试过程中调试人员之间沟通交流方便而进行的约定。当观察者站在边中柱上料位置观察铁心时,位于左侧的是左边柱,位于右侧的是右边柱。

2.3 步进方向

图 2‑1 所示铁心图纸技术要求第 2 条为"铁心为横向 5 级接缝,每步进 5 mm",其中所谓"横向"即为步进方向,平面叠制铁心的步进方向通常有两种,一种是"横向"步进,另一种是"纵向"步进,如图 2‑7 所示。步进方向主要反映在中柱片料的尖角上。片形的加工方法将在后续章节涉及加工设备时进行介绍。

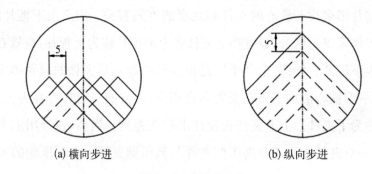

(a) 横向步进　　　　　　　(b) 纵向步进

图 2‑7 步进示意图

如图 2-7(a)所示,横向步进就是中柱叠起后,其尖角呈现横向按一定距离错开的状态。再细致区分,还有"由左向右"和"由右向左"两种不同的层叠方式。"由左向右"或"由右向左"是以叠片时最先放置的片料尖角在最左边还是最右边来区分的。图 2-7(a)所示的横向步进最先叠放的是最右侧的中柱片,将图示步进细分为"由右向左"的横向步进。反之则可称之为"由左向右"的横向步进。

如图 2-7(b)所示,纵向步进是中柱叠起后,其尖角由下向上呈现按一定距离伸出的状态。纵向步进相较于横向步进更便于片料的搭接和控制叠装精度,人工叠装时效率更高。后续章节介绍的"斜接缝铁心在线剪叠系统"生产的铁心一般采用的也是纵向步进设计。

2.4　接缝级数

图 2-1 所示铁心图纸技术要求第 2 条中有如下描述:铁心为横向 5 级接缝,其中步进方向前文已做了简单介绍。"5 级接缝"是指叠装时,以 5 种不同的中柱片形为一个循环进行叠装。因为有 5 种不同的片形组成"日"字形,在轭片与柱片之间就会有 5 个不同位置的接缝。接缝级数除了体现在图 2-7 所示的步进示意图中以外,还会体现在"出角详图"中,如图 2-8 所示。

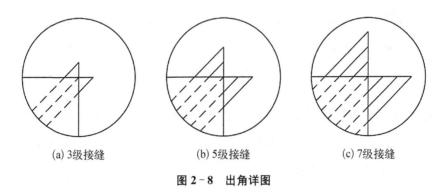

| (a) 3级接缝 | (b) 5级接缝 | (c) 7级接缝 |

图 2-8　出角详图

平面叠制铁心的接缝级数一般为奇数,通常有"3 级接缝""5 级接缝"和"7 级接缝"3 种,如图 2-8 所示。

所谓"接缝",顾名思义是指片料之间对接的位置所产生的缝隙。接缝级数则直观反映出缝隙的数量,这也是关系铁心性能的一个重要设计参数。当然,与接缝相关的影响铁心性能的参数除了接缝的级数外,还与接缝的大小有关。接缝越大,说明片料之间距离越大,贴合得越不紧密,反映在铁心性能上是其损耗的增加。

人工在叠制铁心时都会采用工具将接缝敲紧,使片料之间达到最理想的贴合状态,由此保证不因接缝过大而导致铁心损耗增加。

2.5 轭截面形状

变压器厂家在设计铁心时,柱截面形状一般选择"O"形,而轭截面会采用两种形状,一种为"O"形,另一种为"D"形。如图 2-9 所示。

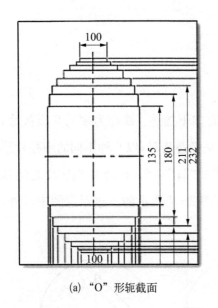

(a) "O"形轭截面　　　　　(b) "D"形轭截面

图 2-9　轭截面示意图

相对来讲,"D"形轭截面在满足相同空载损耗条件下,会节省一部分材料。当然,这种截面形状会给机器叠铁心增加参数输入的工作量,也会对剪叠机构的动作产生影响。这些内容将在后续章节进行介绍。

2.6 材料代号

图 2-1 所示铁心图标题栏中有如下文字"30Q130",这是指叠制该铁心所选用硅钢片材料的代号。上述代号分为片料厚度代号和片料牌号代号两部分。其中"30"为片料厚度代号,该数值为片料厚度的 100 倍,表示片料厚度为"0.30 mm"。"Q130"为

片料牌号代号,该数值表示所选用硅钢片的空载损耗为"1.30 W/kg"。

目前,常用的叠制电力变压器铁心的硅钢片厚度有"0.23 mm""0.27 mm"和"0.30 mm"3 种规格。不过近年来,已经有许多变压器厂家逐步尝试将片料厚度减小至 0.18 mm,这不但对硅钢片的剪切设备提出更高要求,也对后续自动叠装设备的机构设计和参数调整产生一定的影响。

本书不详细介绍硅钢片牌号的具体含义和国内、外牌号的种类,在此需要提到的是与自动叠装设备设计和迭代相关的片料牌号的单位。

由上文介绍可知,硅钢片空载损耗值的单位为"W/kg",读作"瓦每千克"。可以看出选用该牌号硅钢片叠制而成的铁心损耗与其质量有关。由此,编者已经在自动叠装设备研发时,设计了可以通过质量传感器检测所叠铁心质量的机构,从而结合片料损耗理论值得出当前铁心的理论损耗值。

2.7　下料尺寸表

图 2-1 所示铁心图的明细表中列出了该铁心所用片料的尺寸和数量信息,有级号、B、L 和每台厚度。

其中,级号由从 1 到 7 的数字表示,代表从主级至最小级的顺序。B 表示片宽,即每一级所选用片料的宽度值。L 表示片长,即每一级所选用片料的长度值。每台厚度表示在一台铁心中某一级高压侧与低压侧所用片料的厚度和,叠装时需要根据铁心截面图中所标注的厚度分别叠至主级的两侧。

需要注意的是,一般情况下,明细表中会分别表示轭片、边片和中柱三种片料各级的每台厚度。其中,轭片的每台厚度是某一级上下轭、高低压侧的总和。边片的每台厚度是某一级左右两侧边柱、高低压侧的总和。中柱的每台厚度是某一级包含不同步进在内的高低压侧的总和。

第 **3** 章

叠 铁 心 制 造

3.1 片形

叠铁心的叠片片形是根据铁心的叠积形式和叠片接缝结构而设计的,可分为心柱片和铁轭片,从几何形状上又可分为矩形片、梯形片、平行四边形片等,以及在上述片形基础上衍化而成的带台片形。总之,铁心片的种类较多,根据不同的产品设计其形状不一。常用铁心片片形如图3-1所示。

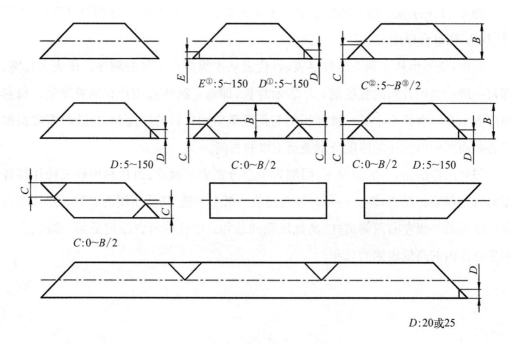

图 3-1 常用铁心片片形

D、E—垂直切尖横向尺寸,mm;C—斜切角横向尺寸,mm;B—片料宽度,mm

3.2　接缝结构

3.2.1　对接与搭接

叠片式变压器铁心是由一片片铁心片叠积而成的一个闭合的磁通路,因此在柱铁与轭的接合部位一定存在片间的接缝,不同的接缝形式将直接影响铁心的电磁性能,材料利用率和生产加工的难易程度。

按心柱与铁轭的接合面是否在同一平面内,铁心的接缝分为对接和搭接两类。每一接合处各接缝在同一垂直平面内的称为对接,接缝在两个或多个平面内的称为搭接,如图 3 - 2 所示。

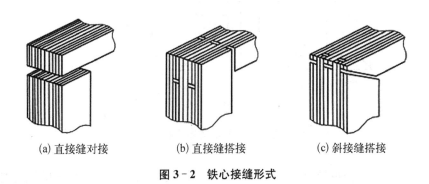

(a) 直接缝对接　　　　　(b) 直接缝搭接　　　　　(c) 斜接缝搭接

图 3 - 2　铁心接缝形式

对接接缝结构是对装式铁心所采用的接缝形式,搭接接缝结构是叠铁心所采用的接缝结构形式。

3.2.2　搭接的接缝结构

1) 铁心接缝形式的命名

对于搭接的铁心接缝,按其与铁心叠片导磁方向的关系可分为两类:直接缝和斜接缝。与叠片长度方向(导磁方向)相平行或垂直的接缝称为直接缝,其他角度的接缝形式称为斜接缝。目前,大型变压器铁心中普遍采用的是全斜接缝形式。

对于某台变压器铁心,其接缝形式的命名,一般是根据其直接缝和斜接缝的数量来确定的。以三相三柱式铁心为例,其接缝总数一般为 6 个或 8 个。当全斜接缝时,铁轭片不断开的中柱角折线接缝算为一个接缝,故接缝总数为 6 个,铁轭片断开时接缝总数为 8 个。当不为全斜接缝时,则以斜接缝数做分子,接缝总数作分母来表示此台铁心的形式。例如,4/8 接缝,指斜接缝数为 4 个,接缝总数为 8 个,此接缝结构称为半直半斜接缝。

2) 铁心的接缝形式

变压器铁心的接缝形式有以下 3 种,如图 3-3 所示。

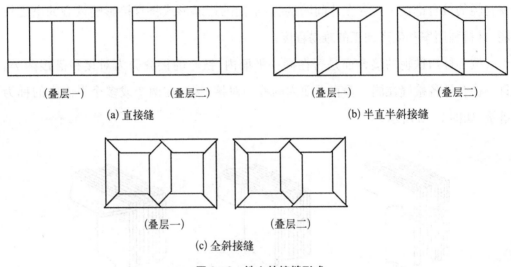

(叠层一)   (叠层二)   (叠层一)   (叠层二)
(a) 直接缝   (b) 半直半斜接缝

(叠层一)   (叠层二)

(c) 全斜接缝

图 3-3 铁心的接缝形式

(1) 直接缝。这种结构的铁心,每一叠铁心片在铁轭与心柱间相接的接缝都是 90°直接缝形式,每两叠铁心片在接缝处的搭接面积占角部面积的 100%,如图 3-3(a)所示。

此形式的主要特点是:结构简单,铁心片的剪切和叠装都较方便,材料利用率高。但这种铁心的电磁性能不好,铁心的空载损耗和空载电流都较大。

此结构只适用于采用无取向硅钢片制造的铁心。由于目前变压器铁心一般都采用冷轧晶粒取向硅钢片制造,因此不适宜采用此种接缝形式,这种结构简单的直接缝叠铁心已被淘汰,只是在电压互感器、试验变压器和电抗器等一些特殊产品的铁心中还应用。

(2) 半直半斜接缝。这种结构的铁心也称为 4/8 结构,在每一层铁心中共有 8 处接缝,其中直接缝和斜接缝各有 4 处。在铁轭片与心柱片接缝处的直接缝和斜接缝在各叠铁心片中交替出现。当心柱与铁轭片宽一致时,斜角为 45°,其搭接面积占角部面积的 50%,如图 3-3(b)所示。

此接缝结构的主要特点是:这种接缝结构的铁心,其空载性能比直接缝结构有明显的改善,结构强度可靠,铁心片剪切、叠积方便,硅钢片的利用率较高。目前,这种结构的铁心在变压器上的应用也相对较少,只在特殊要求的情况下采用。

(3)全斜接缝。变压器铁心心柱和铁轭相接处全部呈 45°斜接缝。这种接缝形式与目前所普遍采用的高导磁晶粒取向冷轧硅钢片的特性是完全适应的,它是目前制作低损耗、节能型变压器铁心最理想的一种结构形式,如图 3-3(c)所示。

此接缝结构的主要特点是:铁心空载性能好、损耗低,与半直半斜接缝的铁心结构相比,在同容量、同规格、同磁密、同频率下,全斜接缝的铁心空载损耗和空载电流都有非常明显的降低,其节能效果是很可观的,从而能较大地提高经济效益。

这种结构的铁心片形多且复杂,铁心片的剪切和叠装也要比前两种结构的铁心增加难度和复杂程度,硅钢片套裁加工的利用率也比上述两种结构的铁心要低,从而使成本加大。

经综合考虑,该接缝形式仍然有较大的经济效益和社会效益,这也是目前各变压器制造厂所普遍采用该接缝形式的原因。

3.3　铁心片剪切

3.3.1　剪切设备

剪切设备分为纵剪和横剪。

1)纵剪

纵剪主要用于变压器、电机等行业的硅钢片纵向剪切,剪切工作采用圆盘滚刀将一定宽度的卷料裁切成所需要的若干条料并收制成卷备用。图 3-4 所示为国际品牌乔格(GEORG)生产的纵剪局部。

乔格纵剪具有精度高、毛刺小的特点,尤其适用于性能敏感的硅钢带材剪切,整条生产线为全自动控制。

2)横剪

横剪是用于对纵剪生产的带材进行横向剪切的设备,具有剪切、断角及冲孔功能,其剪切精度及自动化程序较高。图 3-5 所示为乔格生产的横剪。

图 3 - 4 乔格纵剪

图 3 - 5 乔格横剪

目前最新一代的横剪设备已经实现全伺服剪切、落料控制,并且在出料速度上已经可以实现标准 500 mm 长度片料达到每分钟 120 片。

用户可以根据自身实际生产需要,适当配置所需工位的数量,从而满足不同片形的单独剪切及组合剪切需要,如两 V 两冲两剪的配置可以实现几乎所有片形的剪切。一 V 两冲两剪同样可以实现所有片形的剪切,只是轭片只有一个方向。

3)中柱剪

为综合考虑设备投入及生产需要,绝大部分国内厂家会配备中柱剪进行中柱的剪切,即使横剪可以实现中柱片形的剪切,但从效率方面来看,中柱剪仍然具有较高的性价比。

图 3-6 所示为国内某企业生产的中柱剪,由双轴开料机、送料装置、滚珠丝杆导向装置、两个 V 冲剪切工位及接料台组成。

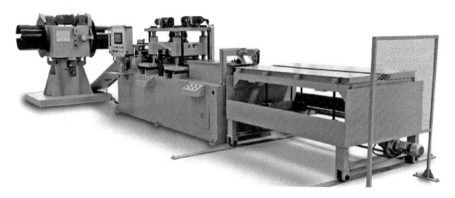

图 3-6 中柱剪

3.3.2 剪切工艺

纵向剪切的工艺要求铁心横截面的填充系数受纵向剪切裁开的带料宽度精确度的影响。为避免铁心横截面出现局部突出,带料纵向边线要成直线。缠绕带料卷及横向剪切的工艺基准线是纵向边线。

卷紧带卷,防止带卷由于自身重力而变形,但拉紧带料的力要适宜,不宜过大或过小。一般情况下,允许带料的宽度偏差出现正公差,同时带料边的直线性偏差也有相应的规定。

传统的横向剪切工艺要求是将一定宽度的带卷剪切成一定长度的铁心片,剪切后的铁心片应有一定精度的长度和横边对纵边的角度(直角和斜角)。根据片中心长度横向剪切斜角片,如果片宽,那么斜角片的长度就大,如果长度允许负公差,那么宽度就允许正公差;反之亦然。如果横边对纵边的角度小,那么片的长边必然长;反之必然短。若横向剪切有较大的偏差,那么铁心的几何形状就会遭到破坏,接缝也会随之增大。

除上述横剪单个工位剪片精度要求外,横剪发展到一定程度时新增了片形组合的工艺要求。如图 3-7 所示,常规铁心所需片形均为斜接缝片形。

剪切片形组合及顺序直接关系自动叠装设备与横剪对接时的物料周转方向及顺序。在重新设计横剪的接料平台及相关转接机构时,需要结合具体剪切组合统筹考虑。

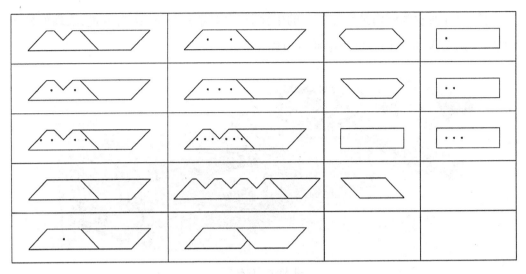

图 3-7 片形及其组合图

3.3.3 全序列剪切

当某台横剪配备两 V 两冲两剪工位时,即可以进行全序列剪切。所谓全序列剪切是指横剪可以直接剪出叠制铁心所需的五种片形,各片形的方向与其叠放方向一致。虽然配备单 V 两冲两剪,也能剪出轭片、边片和中柱片,但是叠制铁心时,其中一个轭片需要通过旋转方向获得,则该配置的横剪不能称为全序列剪切。

全序列剪切的独特工艺要求为横剪与自动叠装对接而设计。无论是在线剪叠形式还是离线剪叠形式均需要五种片形直接可以叠放到位,从而简化片料抓取或缓存物料流转的中间动作,实现剪叠效率的最大化。

出片方向

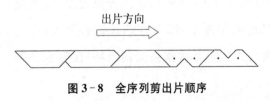

图 3-8 全序列剪出片顺序

图 3-8 所示为全序列剪切的出片顺序。该顺序满足自动叠装叠片顺序需求,是横剪与自动叠装对接时通常采用的剪片顺序。

按上述顺序出片时,需要注意中柱的偏角方向要与轭片叠放时的步进方向一致。否则,中柱的接缝将会错位。

3.3.4 下料套裁

为了有效利用硅钢材料,在充分考虑所需叠片的片形、片宽、长度和角度等条件的基础上,通过科学合理的搭配确定下料剪切方案的过程就是铁心片的套裁。

铁心片的下料套裁可以分为三个步骤:单台铁心用量计算、纵剪套裁,以及横剪套裁。铁心片的套裁是下料的前期技术准备工作,对铁心产品的顺利制造和铁心材料的高效利用起着至关重要的作用。

1)单台铁心用量计算

(1)各级片数计算。根据铁心图各级叠厚、叠片系数和片料的厚度,分别计算出每一级的片数,计算公式如下:

$$S = K_P \frac{h}{t}$$

式中,S 为每级片数;K_P 为叠片系数;h 为级叠厚(其中主级应为 1/2 的级厚);t 为片料实测厚度(保留三位小数)。

由于最终得到的每级片数均为整数,所以对上式计算结果存在圆整的处理,必然会使最终所得到的铁心柱总叠厚与图纸中的设计值存在一定的偏差。为尽可能减小这一偏差,应进行必要的返算和片数调整。

当各级叠片数计算完成后,根据确定的每级叠片数返算每级叠厚及铁心柱的总叠厚。

总叠厚计算公式如下:

$$h_{\sum} = \frac{t S_{\sum}}{K_P}$$

式中,S_{Σ} 为铁心柱的叠积总片数计算值(即各级叠片数总和);K_P 为叠片系数;h_{Σ} 为铁心柱的总叠厚返算值;t 为片料实测厚度(保留三位小数)。

每级叠厚计算公式如下:

$$h_i = \frac{t S_i}{K_P}$$

式中,S_i 为每级叠片数;K_P 为叠片系数;h_i 为铁心各级返算厚度(其中主级应为 1/2 级厚);t 为片料实测厚度(保留三位小数)。

将铁心总叠厚的返算值与图纸中的设计值进行对比,适当调整某几个级的叠片数,使总叠厚的返算值满足技术条件中对铁心叠厚的公差要求,进而确定单台铁心各级片数。

（2）用料长度计算。根据单台铁心各级片数及轭、柱的中线长度，计算各级用料中心线长度，即

$$L_i = 2S_i \times L_轭 + 3S_i \times L_柱$$

式中，L_i 为某一级片料的用料长度；S_i 为每级叠片数；$L_轭$ 为轭片中线长；$L_柱$ 为柱片中线长。

计算完单台铁心各级片数和各级用料长度后，将片料牌号、片宽、各级片数及用料长度汇总成单台铁心下料参数表备用。

2）纵剪套裁

按片料牌号对当前订单中的铁心进行分类，结合原材料信息，对同牌号铁心的片料宽度及数量进行最优组合。

原材料信息包括宽度和长度。根据相同牌号铁心数量（或批量数）和单台铁心下料参数表，计算出所有片宽需要的用料长度。根据原材料长度计算出该片宽需要的卷数，根据原材料宽度计算出组成该宽度的片宽组合。

因为原材料库中适用牌号可能有多种宽度和长度的规格，所以纵剪套裁需要进行多种组合并在此基础上由人工根据日常生产需要进行必要的调整，以得到原材料利用率最高的组合方案。

3）横剪套裁

现有横剪程序中，已经根据共刀和出片速度最快两个基本原则对片形做了合理组合，不需要操作人员再做相关的工作。本节所述的横剪套裁分为两种情况：一种是横剪给人工叠片供料；另一种是横剪给自动叠装设备供料。这两种情况目的都是控制产生的料头、料尾长度，从而实现卷料利用的最大化。

当横剪给人工叠片供料时，可以采取混合剪料的模式，将人工叠片的不同铁心中相同牌号相同宽度的相同片形组合在一起计算所需卷料的长度。

$$L_Y = m_i \times L_i + L_S + L_F$$

式中，L_Y 为所需某一片宽的长度；m_i 为某一铁心的数量；L_i 为某一片宽某一片形的用料长度；L_S 为试片的长度；L_F 为料头和料尾的长度。

由此，根据 L_Y 值从卷料库中选择最佳长度的卷料，实现在同一条横剪线上连续剪切，达到卷料利用率的最大化。

当横剪给自动叠装设备供料时，则需要根据叠装设备的批量产能或储片规则计

算所需料卷的长度,以达到卷料最大利用率。因不同的自动叠装设备和产线有着不同的批量产能或储片规则,横剪套裁较为复杂,在此不展开介绍。

此外,近年来随着铁心自动叠装设备的使用和铁心车间数字化转型升级的推进实施,上述计算过程将由软件完成,由此将在大大提高套裁效率的同时降低操作人员套裁排产的工作量。

3.4　叠片工艺系数

3.4.1　叠装系数

由硅钢片试样的质量、密度、长和宽的值所计算的理论厚度与在一定压力下所测得的叠装厚度之比的百分数,称为叠装系数 S,计算公式如式(3-1)所示。

$$S = \frac{m}{bl\rho h} \times 100\% \qquad (3-1)$$

式中,m 为试样的质量,kg;b 为试样的平均宽度,m;l 为试样的长度,m;ρ 为试样对应牌号的规定密度,kg/m³;h 为在规定压力下试样的叠装高度,m。

叠装系数的具体测试方法见 GB/T 2522—2017。

由于叠装系数的测定和计算比较麻烦,因此一般只用于工艺试验和技术测试。在实际工作中,常用简便的叠片系数来表示叠片水平。

3.4.2　叠片系数

铁心几何面积中包括硅钢片之间的漆膜厚度及间隙。如果将几何截面积中减去漆膜厚度和间隙所占截面积,所剩下的部分则为有效截面积。铁心叠片系数为有效截面积与几何截面积之比,即

$$叠片系数 = \frac{有效截面积}{几何截面积}$$

另外,也可以用厚度比来表示铁心的叠片系数。

设某一特定片数的叠片,总厚度为 $H_总$,其纯铁总厚度 $H_实$(除去硅钢片的绝缘膜及片间间隙)与总厚度 $H_总$ 的比值,称为叠片系数,即

$$\text{叠片系数} = \frac{H_\text{实}}{H_\text{总}}$$

叠片系数是反映变压器制造厂和硅钢片生产厂家工艺水平的一个重要指标。叠片系数的大小取决于硅钢片厚度、表面绝缘层厚度及铁心片平整度。同时,与叠片剪切毛刺的大小和铁心制造过程中其夹紧程度有关。叠片系数越大,铁心的有效截面积就越大,从而铁心中的磁通密度降低,铁心损耗也随之减小。

3.4.3 叠装系数与叠片系数的区别

叠装系数是质量之比,而叠片系数是面积之比或厚度之比,其后者的测量比较方便、迅速。两者不同的定义,显然适用于两种不同的测量方法,但它们都能够反映出制造厂的铁心叠积水平。然而,不同的制造厂若采用的是不同的定义,严格地说,它们之间的工艺水平缺乏可比性。

为了达到国内行业间,乃至国际行业间能够可比,我国参考 IEC 404 - 2(1978)电工钢带(片)电磁及物理性能测试方法的有关规定,在 GB/T 2522—2017 中规定用叠装系数,并对其试件的制备、测量方法及要求做了严格规定,各个厂家可以用自己原有的测量方法测得的叠片系数值与按 GB/T 2522—2017 中规定方法测得的叠装系数值进行统计对比,并对叠片系数值进行修正,即可得到本厂对应的叠装系数值。此值应该说具有一定的可比性。

3.4.4 工艺系数

变压器铁心的实际测量损耗与根据铁心所用材料的损耗之比,称为铁心的工艺系数。工艺系数除与铁心的结构形式有关外,也是反映制造厂的制造工艺水平的一个综合性指标,是变压器设计人员在产品设计时所参照的一个重要系数。例如:某台变压器产品为三相五柱式铁心,铁心硅钢片总质量为 122 118 kg,所用材料为日本 30RGH120 硅钢片,设计铁心磁密 $B = 1.64$ T,50 Hz 时的材料损耗值查该材料的损耗为 1.04 W/kg,则该铁心产品的损耗计算值为

$$\text{损耗计算值} = \text{工艺系数} \times \text{材料单位损耗} \times \text{铁心质量}$$
$$= (1.38 \times 1.04 \times 122\ 118)\text{W}$$
$$\approx 175\ 264\ \text{W}$$

式中,工艺系数1.38假定为三相五柱式铁心的经验数值。

工艺系数越小,表明硅钢片原材料经各道加工工序对其进行加工、操作之后,到完成成品铁心,由加工工艺造成的材料损耗值增加的数值就越小。因此,当保证铁心空载损耗不变时,铁心截面积则可相应减小,于是铁心的质量降低,成本降低,整个设计性能指标就可以提高。可见,工艺系数越小,证明该厂的工艺水平越高。

工艺系数的大小取决于以下几个方面的因素:

(1)铁心材料的种类和铁心的结构形式。

(2)所用的硅钢片是否经过退火处理工艺。

(3)铁心接缝形式(斜接缝、直接缝、阶梯接缝等)、拼接形式等。

(4)铁心制造过程中的自动化水平。

(5)剪切质量,预叠、叠装及搬运方式,夹紧工具及方法等。

工艺系数是工厂的经验数据,它无法用一个较为确切的公式加以计算。然而这个数据又是相当重要的。

3.5 叠片步骤

现有的叠片分为人工叠片和自动叠片两种。这两种叠片的步骤有着较大的差别。

3.5.1 人工叠片步骤

首先需要完成叠装台的预铺工作。叠片工人需要完成夹件、绝缘、拉板,以及辅助垫梁的放置,并对夹件对角线尺寸进行测量,保证两夹件对角线长度偏差不超过1 mm,从而保证夹件处于见方的位置关系。

横向步进的铁心采用先叠积中柱后叠轭柱及边柱的工艺步骤。叠片工人根据接缝级数、步进值选择对应的中柱模具,以模具的V形槽为中柱片料的定位基准,先完成中柱的叠积工作。叠积过程中,需要用水平尺对中柱的侧面进行比对,确保柱体与台面的垂直。

中柱叠积完成后,叠片工人根据出角顺序按"两片一叠"的工艺要求,进行上下轭与边柱的叠片,直至完成整个铁心的叠装工作。

纵向步进直接以片料上的定位孔为基准,按"先轭、边柱,后中柱"的顺序直接进行"日"字形或"E"字形叠片,直至完成整个铁心的叠装工作。

3.5.2 自动叠片步骤

自动叠片分为"单层3+2模式"和"整步进循环模式"两种,是根据叠片机构不同而选择的相对较为合理的叠片模式。

"单层3+2模式"是按"边中柱的3片+上下轭的2片"进行的单层叠片模式。这种模式主要应用于以"桁架式机械手"为叠片机构的自动叠装设备中。本书第6章将进行叠片机的详细介绍。

"整步进循环模式"主要是针对采用"7级接缝、纵向步进"设计的铁心,以"按顺序组成完整步进的7片料"为一个叠装单位进行叠装的模式。这种模式可适用于"桁架式机械手"和"工业机器人"两种叠片机构,均以在线叠装为主。本书第6章将进行在线叠装的介绍。

与人工叠片相同的是,自动叠片也需要操作人员首先完成叠装平台的预铺工作。操作过程与要求也与人工叠片一样。

3.6 空载损耗测量

由于铁心的磁化所引起的磁滞损耗和涡流损耗,同时也包括空载附加损耗和空载电流通过线圈时产生的电阻损耗,这些损耗形成了变压器铁心的空载损耗。

为验证变压器铁心的设计计算、工艺制造是否满足技术条件和标准的要求,检查变压器铁心是否存在缺陷,如局部过热、绝缘不良等现象,在铁心叠装完成后,需要对其进行空载损耗测试。

三相变压器的单相空载试验使用专业的空载损耗测试仪,如图3-9所示。通过对各相空载损耗的分析比较,观察空载损耗在各相的分布状况,发现线圈与铁心磁路有无局部缺陷。它是判断产品合格的辅助试验,也是查找故障的有效方法。

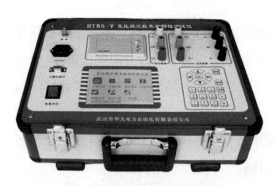

图3-9 便携式空载损耗测试仪

进行三相变压器单相空载试验时,将

三相变压器中的一相依次短路,按单相变压器的接线图,在其他两相上施加电压,测量空载损耗和空载电流。一相短路的目的是使该相没有磁通通过,因而也没有损耗。短路效果的好坏是与短路相线圈的电阻和容量有关的,因此最好在低压线圈或最大容量线圈上进行短路。

测试后可以打印相应的试验数据。若试验得出该铁心的空载损耗超出国家标准或省级标准的空载损耗要求范围,则需要对其进行返工。返工后再次进行测试,直至达到相关标准方能视为合格产品,才允许流转进入后道工序。

铁心测试数据单如图 3-10 所示,测试人员对照变压器技术数据表中空载损耗及其他参数标准值,则可以判断该铁心是否合格。

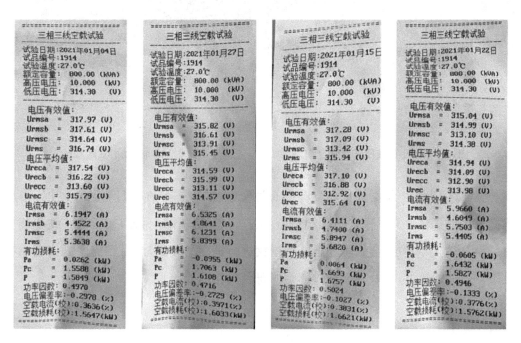

图 3-10　铁心测试数据单

测试合格的数据将随铁心及工艺卡片一起流转进入后道工序,成为后续试验和产品质量追溯的重要依据。若铁心车间建有数字化系统,测试数据将上传至数字化系统中,通过对测试数据的分析,可以优化铁心生产工艺,节约制造成本。

3.7　装夹与起立

铁心测试合格后,需要将夹件及辅助夹紧件安装并紧固。完成夹紧后的铁心整体转运至起立台上进行起立。起立台有液压式和机械式两种,针对大型铁心还有无动力式起立台,需要由行吊提供翻转动力。小型液压式起立台如图 3-11 所示。

图 3-12 所示为无动力式起立台,是针对大型铁心的起立设备。铁心起立工序属于叠装的下道工序,与叠装设备基本上没有关联。但是,起立之前的装夹工作是需要在叠装设备的叠装平台上进行的,在设计自动叠装设备的叠装平台时,需要结合紧固件和装夹操作进行。

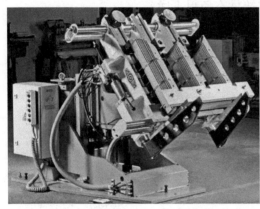

图 3-11　小型液压式起立台　　　　　　图 3-12　无动力式起立台

例如,铁心的上下夹件上如果有中心拉紧螺杆,则需要在设计夹件垫块时,留出螺帽拧紧工具和手部操作空间,以便于人工进行相关操作。另外,通常一些铁心装夹时,三相柱的中间位置会采用上下两个槽钢进行辅助的夹紧,此时则需要操作者站在叠装平台上的高度,以及相应的操作空间符合操作需要。

第 4 章

叠铁心的质量控制

4.1 铁心的检查与测量

4.1.1 常用检测设备

1) 绝缘电阻表

绝缘电阻表是用来测量铁心绝缘电阻大小的测量仪表,绝缘电阻表如图 4-1 所示。绝缘电阻表常用规格为 100 V、500 V 和 2 500 V。它的测量机构一般采用磁电系比率电源为手摇直流发电机。

由于绝缘电阻与导体电阻不同,相比之下绝缘电阻的数值很大,而且它与所承受的电压有关,所以采用万用表是不能测量绝缘电阻的,而必须采用绝缘电阻表。

测量前先摇动发电机,然后利用将"L"与"E"两接线柱断开和短接的方法查看指针能否分别指向"∞"和"0"处。如不能,说明仪表有问题不能使用。测量时将两接

图 4-1 绝缘电阻表

线端分别接触被测绝缘件两侧的铁心金属件下,尽量匀速摇动摇柄,转速接近发电机的额定转速(120 r/min),待表针稳定后读取数值。

注意:采用绝缘电阻表测量其他件时,不能带电测量,同时测量电容物体时,测量前和测量后均应进行放电。

2) 扭矩扳手

在大型变压器铁心的装配过程中,大量的螺栓需要进行紧固。为了确定螺栓的紧固程度,一般需要采用扭矩扳手进行必要的校验。常见的扭矩扳手有指针式和直

读式。由于直读式扭矩扳手一般具有力矩预置和报警功能,且操作简便和扭矩偏差小的优点,所以直读式扭矩扳手应用更为普遍,图4-2为此类扭矩扳手的实物照片和结构示意图。

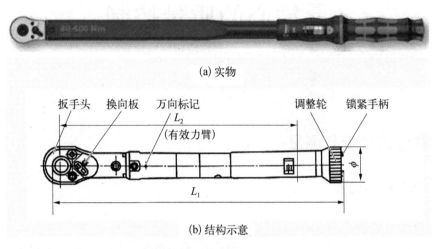

(a) 实物

(b) 结构示意

图4-2 扭矩扳手

由于扭矩扳手本身是一种扭矩测量工具,所以一般并不直接用于螺栓的紧固操作,而只用于螺栓紧固后的校验工作,特殊情况下可以直接使用。在使用扭矩扳手时,一般要注意以下几点:

(1) 根据所紧固螺栓的扭矩要求,选择适宜的扭矩扳手。扳手的最大扭矩值不得小于所紧螺栓的需求值。

(2) 开口头和套筒是扭矩扳手所必需的附件,紧固操作前应根据所紧固螺栓的尺寸选取适宜的开口头或套筒,要求开口头的开口尺寸或套筒的对方尺寸应与螺栓头的对方尺寸相适应。铁心常用标准金属螺栓及其螺栓头的对方尺寸和预紧扭矩参考值如表4-1所示。

表4-1 铁心常用标准金属螺栓及其螺栓头的对方尺寸和预紧扭矩参考值

螺栓尺寸	螺栓头对方尺寸/mm	扭矩/(N·m)
M6	10	5.02
M8	13	12.2
M10	16	24.2

续　表

螺 栓 尺 寸	螺栓头对方尺寸/mm	扭矩/(N·m)
M12	18	42.1
M20	30	204.1
M24	36	352.8
M30	46	700.9
M36	55	1 225.0

（3）根据所紧固螺栓的扭矩预置扳手的扭矩值。首先逆时针方向旋松锁紧手柄,转动扳手尾部的调整轮至所需要的扭矩值,读数时应将视窗中所指数值与调整轮上的刻度值结合在一起进行读数。至指定数值时,旋紧锁紧手柄。

（4）拨动棘轮换向板调整棘轮转动方向,按扳手杆上的标记方向进行螺栓的紧固。紧固时应用力均匀,不允许用力过猛。

（5）当扳手发出报警声时,应停止紧固,说明螺栓已达到所设定扭矩值。在没有重新增加预置扭矩的情况下绝不允许继续进行紧固。

（6）当操作完成后,将扳手的扭矩设定值设定在最小值处,并妥善保存。

（7）定期将扳手送至检测部门进行检测,防止出现大的扭矩偏差。

4.1.2　铁心质量检查

1）铁心的外观检查

外观检查是在铁心制造过程中及整理完成后所要进行的最基本的质量检查项目,铁心外观质量的常见要求包括以下几个方面:

（1）铁心片表面绝缘膜无损伤,绝缘良好。

（2）铁心及零部件表面清洁,无金属异物。

（3）铁心紧固件紧固可靠,关键部件满足扭矩要求。

（4）电气连接处连接可靠。

（5）铁心及金属件表面涂装质量符合标准要求。

2）铁心柱直径的测量

为了保证铁心在套装时的套装裕度,对铁心柱直径必须进行严格的控制与测量。

测量时采用盒尺与卡钳配合进行检测,由于实际叠装后的铁心柱不可能是标准的圆柱形,因此测量结果为铁心的最大直径。由于铁心柱的最大直径将是影响线圈套装的关键尺寸,因此在铁心柱直径的测量时一般不采用 π 尺进行测量(其测量值为平均直径)。

测量时将卡钳端平,钳卡的钳口首先卡在铁心主级的两个对应的角部,然后转动卡钳,使钳口的两个端点依次滑过 2 级、3 级……的角部。在整个卡钳的转动过程中,钳口不得人为内并,在测量尺寸较大级时,应微张钳口,使钳口两端紧贴级台角部滑过。当末级测量完成后,平移出卡钳,钳口距离不要发生变化,卡钳的测量过程如图 4-3 所示。

用盒尺测量卡钳钳口间的最小距离,读取的数值即为铁心直径值。读数时,最好以盒尺的 100 mm 处作为基准点,如图 4-4 所示。

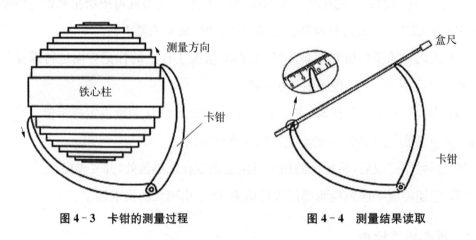

图 4-3 卡钳的测量过程 　　　　图 4-4 测量结果读取

由于在上述过程中只是对铁心柱的一半部分进行了直径的测量,因此还应按上述方法测量另一半的直径,两个测量数值中的最大值作为该铁心柱的直径值。

3)铁心框间距离的测量

铁心框间距离是指铁心柱与铁心柱间或铁心柱与旁轭间同级台阶间的尺寸,对于不叠上铁轭的铁心,此数值的大小将直接影响上轭铁插铁质量的好坏。因此在铁心套装前应对所有框间尺寸进行全面的测量。

在测量铁心框间距时,应先根据图样计算铁心所有窗口的各级对应窗口尺寸,采用内部测量卷尺或直读内测尺进行测量,尺子的形式如图 4-5 和图 4-6 所示。测量时必须保证测量工具处于水平状态,否则将影响测量的数值。

图 4-5 内部测量卷尺

图 4-6　直读内测尺

要求对铁心的所有级台依次进行测量,并做好记录。实际测量尺寸与要求值之间的偏差一般为±1 mm,否则应进行必要的调整。

4.2　常见铁心问题分析与预防处理方法

4.2.1　铁心直径超差

1) 铁心最大直径的两侧测量值皆出现正公差超差现象

(1) 其问题产生的原因主要是:

① 铁心叠积过程中,各级级厚普遍较厚,造成铁心总厚及铁心直径同时超差。

② 铁心各级台左右错位严重。

③ 铁心未夹紧。

(2) 预防的主要方法是:

① 铁心在叠积时应严格控制各级叠厚,一般要求铁心各级的厚度公差为±0.5 mm,不得连续 3 个级同时出现正公差。

② 严格控制铁心各级台左右两侧对称。

③ 铁心起立前应对铁心进行充分的夹紧,提高铁心绑扎工艺,绑扎黏带绑扎后不得外胀。

2) 心柱最大直径的两侧测量值皆出现一侧正公差超差一侧负公差超差现象

(1) 其问题产生的主要原因是:铁心叠积过程中铁心向一侧偏移。

(2) 预防的主要方法是:叠积过程中严格控制各级台左右两侧尺寸对称。

3) 铁心最大直径的两侧测量值皆出现负公差超差现象

(1) 这一情况的产生一般较为少见,其问题产生的主要原因是:铁心在叠积过程中各级叠积厚度控制存在问题,主级两侧的铁心叠积厚度严重不对称,铁心柱截面成"梨形"所致。

(2) 预防的主要方法是:要求在铁心叠积过程中,严格控制各级铁心片叠厚,防止出现下半面铁心叠铁量较多而上半面铁心大量减片的现象,或者出现下半面铁心叠铁量较少而上半面铁心大量加片的现象。

4.2.2　心柱与铁轭厚度不均

问题产生的主要原因是硅钢片本身厚度不一致、部分硅钢表面存在波浪或叠片剪切毛刺的影响。造成心柱与铁轭虽然叠积片数一样但叠积厚度却出现不一样的现象,这在实际叠片过程中是极易出现的情况。解决的主要方法如下:

(1) 铁心片在冲剪加工时严格控制毛刺大小,严格检查硅钢片的质量,波浪度严重超差的片不宜使用。

(2) 在铁心叠积过程中心柱采用放置单片的方法进行叠厚调整,但绝不允许采用放置三片的方法进行调整。

4.2.3　铁心接缝尺寸超差

1) 此问题的产生原因

(1) 铁心摆底时夹件摆放不正,第一级叠片摆放偏斜,铁心两对角线尺寸不等或测量不准确。

(2) 叠片中各级沿心柱宽度方向移动而产生铁心倾斜。

(3) 叠装中各级沿心柱长度方向移动而产生倾斜。

(4) 铁心片角度加工存在问题。

2) 针对上述问题产生原因,防止接缝超差的主要方法

(1) 铁心摆底时叠装台的工作面必须调整水平。

(2) 叠装第一级叠片时要准确测量对角线尺寸,使之相等。

(3) 叠片时尽量使同一层的各个接缝尺寸均等,并尽可能使接缝最小。

4.2.4　铁心垂直度超差

1) 产生问题的主要原因

(1) 叠装台预铺表面高低不平,叠积后的铁心柱自然存在弯曲。

(2) 铁心起立前未完全夹紧,造成铁心在起立和吊运的过程中发生变形。

(3) 翻转插脚与铁心叠积面不垂直,造成铁心在起立过程中发生变形。

2) 预防的主要方法

(1) 预铺叠装台时,叠积工作面一定要调整水平。

（2）起立前,应对铁心进行充分的夹紧。同时,调整翻转插腿与叠积面垂直并锁定。翻转插腿与铁心垫脚之间要垫实,有顶紧装置的要进行顶紧,防止铁心在起立过程中滑动。

（3）铁心吊运过程中一定指挥天车缓慢吊运,防止铁心受到冲击。

4.2.5　回插上轭铁时接缝超差

1）不叠上铁轭的铁心（上轭回插时可能产生接缝超差现象）产生问题的主要原因

（1）铁心柱各级框间距存在超差现象。

（2）铁心在叠积过程中,各柱高度方向控制不好,造成有的柱偏高,有的柱偏低,特别是五柱式铁心。

2）对于不叠上铁轭的铁心,主要的预防方法

（1）铁心在叠积过程中每叠完一级及时测量铁心的框间距尺寸并进行调整,其公差应控制在±1 mm 内。

（2）铁心在叠积时应保证同级下轭铁的下端面在铁心长度方向上应在同一直线上,每叠完一级都要及时测量各铁心柱对应下轭铁的下端面至铁心下夹件下沿的距离,确保该距离相等。

（3）铁心下轭垫脚垫块在安装时其台阶与下轭铁台阶应相吻合,否则应采用纸板垫条垫实。

（4）铁心在起立前应进行充分紧固,防止铁心在吊运过程中发生变形,而影响上轭尺寸。

（5）起立后的铁心尽可能放置在平台上。

4.3　重大铁心问题的处理

4.3.1　起立后铁心下夹件的摘除

对于起立后的铁心,如果发现下夹件存在问题而无法直接修复时,可采用直接拆除而不放倒铁心的方法将其拆下后修理,可大大缩短问题的处理周期。拆除的工艺方法如下:

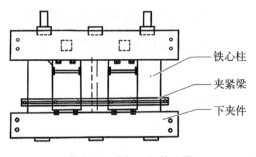

图4-7 夹紧梁安装位置

（1）采用夹紧梁对铁心柱进行夹紧,夹紧梁的安装位置应尽可能地靠近下夹件,如图4-7所示。

（2）用铁心专用紧固器对铁心下轭进行紧固,紧固器的结构形式如图4-8所示。紧固器的紧固带从待拆除夹件侧的夹件油道的间隙中穿过夹紧梁,将不拆除一侧的铁心下夹件、铁心下轭叠片下夹件及下轭两侧的铁心油道紧固在一起。紧固器的安装数量一般为每个铁心框间2~3个,紧固器的安装情况如图4-9所示。

图4-8 紧固器的结构形式

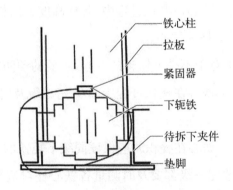

图4-9 紧固器的安装情况

（3）松开待拆除下夹件上的所有紧固螺栓及拉带螺帽,在松开过程中应注意观察下轭铁是否发生变动。全部螺栓螺帽松开后,用天车将下夹件吊离,修理后原位装回并复测铁心绝缘电阻。

4.3.2 变压器铁心局部过热与多点接地故障

变压器铁心局部过热是一种常见故障,通常是由于设计及制造上的质量问题和其他外界因素引起的铁心多点接地或局部短路而产生的。那么,铁心多点接地为什么会产生局部过热而在正常情况下却要用一点接地呢? 其原因分析如下:

变压器正常运行时,带电的各绕组、引线周围将存在电场,铁心和夹件等金属结构件就处于该电场中,由于它们所处的位置不同,因此,所具有的电位也各不相同,当两点之间的电位差达到能够击穿其间的绝缘时,便产生火花放电。这种放电可使变压器油分解,长此下去,会逐渐损坏变压器的固体绝缘,导致事故发生。为了避免这种情况发生,国家标准规定,电力变压器铁心、夹件等金属结构件均应通过油箱可靠接地。20 MV 及以上的电力变压器,其铁心应通过套管从油箱上部引出并可靠接地。这样,铁心便处于零电位,在地线中流过的只是带电绕组对铁心的电容电流。对三相变压器来说,由于三相结构基本对称,三相电压对称,所以三相绕组对铁心的电容电流之和几乎等于零。

目前,广泛采用铁心硅钢片间放一铜片的方法接地。尽管每片之间有绝缘漆膜,但由于其电阻很小,在高压电场中可视为通路,因而铁心一点接地即可实现整个铁心处于零电位的目的。当铁心两点或两点以上接地时,则在接地点间形成闭合回路,并与铁心内的交变磁通相交链而产生感应电压。该电压在铁心及其他处于零电位的金属结构件形成的回路中产生数十安的电流或环流,由此可引起局部过热,导致变压器油分解并产生可燃性气体,还可能使接地片熔断或烧坏铁心,导致铁心电位悬浮,产生放电。这就是变压器铁心设计和制造过程中,必须采用一点接地,而避免由于各种质量问题造成铁心两点或多点接地的原因。

引起铁心局部过热故障的原因可概括为如下几点:

(1) 大型变压器铁心的最外部一级铁心片没有开槽或开槽的长度不够或开槽数少,辐向漏磁场在末级铁心片感应的涡流大,使对应绕组上下端的末级铁心片产生局部过热,烧坏铁心。这种过热故障除了与铁心片结构尺寸有关外,主要取决于流向铁心一侧的辐向漏磁通,因此在产品设计阶段,通过调整或优化绕组安匝排布,使流向铁心一侧的绕组辐向漏磁场和流向油箱一侧的漏磁通应不使这些结构件产生局部过热。

(2) 铁心发生多点接地,在铁心中产生环流,引起铁心局部过热。

铁心夹件绝缘、垫脚绝缘等受潮或损坏,或箱底沉积油泥及水分,使绝缘电阻下降,引起铁心多点接地。

潜油泵轴承磨损产生的金属粉末或制造过程中的金属焊渣及其他金属异物进行入油箱并堆积在油箱底部,在电磁力或其他外力作用下形成桥路,使下轭的下表面与垫脚或箱底短路,造成多点接地。

铁心叠片边缘有尖角毛刺、翘曲或不整齐和相邻的夹件、垫脚安装疏忽,使铁心与相邻金属结构件之间短路,形成的环流引起局部过热。

第 5 章

卷 铁 心 制 造

5.1 铁心卷制

卷铁心是用硅钢片带料,连续卷制成的封闭形铁心。卷铁心主要用来制造电流互感器、小型电抗器,以及配电变压器等。

卷铁心的制造工序主要有硅钢片的纵剪、铁心卷制、铁心真空退火。卷铁心按相数可分为三相卷铁心和单相卷铁心,卷铁心的截面形状分为矩形截面、阶梯圆形截面、近似圆形截面 R 形等,按制造工艺不同卷铁心可分为断轭结构和不断轭结构等。

5.1.1 卷铁心的主要形式

国内生产的卷铁心变压器以不断轭结构的冷轧硅钢片卷铁心为主。随着卷铁心结构研究开发的不断深入和发展,已派生出多种卷铁心结构形式,目前国内已研制出立体组合的三角形卷铁心,它采用三只相同的矩形半圆截面卷铁心框组合而成,相邻的两个铁心框的边柱组成一个截面近似圆形的心柱,在结构上有一定的优越性,但绕组卷制工艺较复杂,且有磁密不均的问题,比较适合于做容量较大的配电变压器。

常用的卷铁心在使用形式上主要包括以下几种:

(1) 卷制成圆形的环形铁心。

(2) 卷制成圆形后再压成矩形框式铁心或直接卷制成矩形的框式铁心。

(3) 卷制成圆形后,经浸渍、黏合,再锯开成两半的铁心。

(4) 在专用设备上边绕边配气隙,达到尺寸后,压成框式再连接气隙的铁心。

(5) 事先按计算的长度、宽度和所需数量,剪切好硅钢带,然后在专用设备上逐层包扎成阶梯形截面的环形,再压成框式铁心。

5.1.2　环形铁心卷制设备的基本结构

环形铁心卷制设备主要包括普通环形铁心卷制机和全自动环形铁心卷制生产线。国内应用广泛的是普通环形铁心卷制机,如图 5‐1 所示。

图 5‐1　环形铁心卷制机

普通环形铁心卷制机主要包括以下几个部分:

(1) 开卷机。由电机拖动,实现硅钢带的进给。

(2) 压毛机。一方面用于钢带的压毛;另一方面用于调节卷制钢带的张紧力,保证卷制后的铁心其边缘毛刺不超差,同时保证卷制的铁心有一定的紧度,尽可能减小层间气隙。

(3) 点焊机。用于接地片的焊接,有时可以不用。

(4) 导向装配。保证卷制齐整。

(5) 卷制机。电机驱动主轴转动,实现卷绕。

(6) 卷制模。一般应做成 2~3 片扇形或半圆形的拼接结构。

5.1.3　环形铁心的卷制成形

由于全自动环形铁心卷制生产线与普通环形铁心卷制生产线相比,在具体的卷制方法上大致相同,只是其操作的自动化程度和质量控制的自动化程度相对较高而已。下面主要对在普通卷制生产线上环形铁心卷制的工艺过程进行简单的介绍。

(1) 卷制操作前的准备。熟悉图样及相关的工艺文件和质量控制标准。对待加工的铁心片进行必要的检验,主要检验项目包括宽度公差符合要求,且铁心片没有弯折、破裂和缺损现象,表面不存在锈迹和污物,其边缘毛刺符合公差要求。准备操作

图 5-2 心模的结构形式

过程中的必备工具主要包括卡尺、钢板尺、丁字铁、手锤、铁剪子、扳手等。选取适宜的心模,心模一般为铝质以减轻质量,同时为两半式结构,以方便铁心卷制后的退模。心模的结构形式如图 5-2 所示。

接通卷制机电源,用脚踏开关控制试运转,无异常后进行必要的润滑。检查点焊机电气线路及接地线,应连接良好,用两片废硅钢片进行试焊,焊接牢固,点焊用的铜接头应先修成球面,如果过钝或不光滑可用锉刀修正。

(2)卷制操作。在卷制机主轴上先垫一垫环,再装上模具,外面再根据情况垫上垫环并旋紧锁紧螺帽。将放料架的撑模用大扳手放小,用天车将料卷套在撑模上,将料卷整理整齐。其内边缘与卷铁心模具的内边缘对齐。旋动撑模螺帽,使卷料撑紧,保证料卷不在撑模上移动。

将压毛辊用两张硅钢片垫起,将卷料的端头穿过两压毛辊之间,一直引向卷铁心模,与卷铁心模的内边对齐并拉直,由一端观察铁心片两边应松紧相同,并且与卷制机主轴、压毛辊和放料架的轴相垂直,否则应调整料卷的位置,调好后,移动压毛辊前后的导料圆盘,夹住硅钢片,然后旋紧螺帽固定,撤出压毛辊间的垫片。

将料头插入卷铁心模上,且固定在料头的缝隙内,用垫块敲弯打平,点动卷制机使硅钢带拉紧。若此时硅钢带未达到拉紧的效果,可反转放料架将硅钢带绷紧,同时修整料头使其伏贴地卷在模胎上,在此操作过程中应十分注意手指不要被卷入压伤。

开动卷制机转动一周,此时后续钢带的边缘应与起头边缘重合在一起,不产生偏斜,否则应进行调整。用点焊机将料头点焊两点。点焊时应先将电极压于硅钢片上,再踏开关通电。由于硅钢片表面一般皆涂有绝缘膜,点焊时应扭动点焊电极,使绝缘膜得到破坏。当焊接处硅钢片发红时,断开脚踏开关,点焊部位随之由红色变为黑色,此时可移去电极。焊接时应合理掌握通电时间,若通电时间过短,焊接不牢,否则将焊穿硅钢片。

焊好料头后,开动卷制机断续卷制。在卷制刚刚开始后,若出现卷绕不齐的现象,其原因是钢带的位置没有调整好,应及时停机进行调整。若卷制过程中偶然出现不齐现象,可用丁字铁或垫块将卷绕的材料边缘打齐。

当卷制中途料片用完时,可另上一料卷,将两段材料头尾对正,拉成一直线后继续卷制。卷制过程中可用钢板尺测量卷绕厚度,当符合要求时停车,并用点焊机将片尾焊牢后剪断,再将剪断处焊牢。

对于多级圆形铁心,当一级宽度卷制完成后,应将下一级的料头与上一级的料尾焊接牢固,并继续卷制下一级。

当整个铁心全部卷制完工后,松开卷制机主轴上的螺帽,取下模胎挡板,在卷铁心模的吊孔内穿入吊杆,吊杆两端放好挡圈并上好螺帽,在吊杆上套好钢丝绳套,用天车将模胎与铁心同时吊下。对于较小的铁心可直接用手将铁心及模胎卸下。

把带有模胎的铁心放在木质垫块上且在其前方另垫一木块,去除钢丝绳及吊杆,将一半的心模用垫块打出,此时可取出另一半心模。

将铁心放于平台上并用垫块、丁字铁、铁榔头等工具对其进行进一步修整,使其表面平整,形状规则,并剪平起头弯折的硅钢片。修整合格后的铁心其端面材料的整齐度偏差应控制在 0.5 mm 以下,并将其堆放整齐。

5.1.4 环形框式铁心的卷制

环形框式铁心可以采用先卷制成圆形后再压成矩形框式铁心的方式进行制造,但此类工艺现在已较少采用,一般都采用矩形卷制模,即在专用卷制机上直接卷制成矩形框式铁心的方法进行制造。卷制前,对于多级圆形截面的铁心,先将硅钢片在纵剪上按每级宽度纵剪成不同宽度的硅钢片卷材,对于圆形截面铁心则在专用曲线纵剪机上按程序控制的特形曲线将硅钢片裁出沿长度变化宽度的硅钢片卷材。铁心的卷制在专用的卷制机上进行,卷制后的铁心在退火前不允许卸下心模,因此要求每个铁心皆有一个心模。对于长方形多级铁心,在卷完一级后可卸下铁心但不换料,直接卷绕第二个铁心。当全部铁心的同一级卷绕完成后,再换料卷制各铁心的第二级,以节省时间。其他卷制工艺与圆形铁心的卷制相同,只是模具的形状有所不同,这里不再做过多的介绍。

5.1.5 三相带外框双框多级卷铁心的卷制

三相带外框双框多级环形铁心主要用于制造低铁损的节能型变压器,一般为平面式的铁心结构形式。内框一般为方形。其卷制过程一般在专用的卷铁心卷制机上完成。一般先分别卷制两个内框,内框由窄带开始绕至预定宽度后,将两个单框并排安装在卷制机上,然后再绕外框,外框由最宽带开始,将铁心钢带同时卷制在两个铁心的外面,逐级减少宽度直至最窄带,最终形成一个整体。整个上料、装模、焊头及卷制的方法与环形铁心的卷制方法基本相同,只是不同级的带宽有所变化。关于具体的设备操作与卷绕方法,这里不再做过多的介绍。

5.2 铁心退火

5.2.1 卷铁心退火处理的基本原理

1) 退火的必要性

对于冷轧粒取向硅钢片,生产制造过程中通过冷轧工艺钢带进行轧制而成,轧制进程使其内部的晶格排列产生一定的规律和方向性,致使硅钢片本身的导磁性能增加,降低铁损值。晶格的排列方向即<100>轴与硅钢片的轧制方向一般来说基本上是一致的。使用过程中,硅钢片的轧制方向也就是可利用方向。

在铁心的制作过程中,各生产工序由于冷加工工艺,如剪切、冲孔、卷绕、搬运、叠积、敲打和弯折等操作,都不可避免造成晶格的偏斜、错位或畸变,从而使 Si-Fe 晶格的晶轴方向即<100>轴的方向在不同程度上偏离了硅钢片的轧制方向,产生晶格的畸变应力。这种应力对热轧硅钢片的影响不大,而对于敏感的冷轧晶粒取向硅钢片来说则会直接对其电磁性能产生不良的影响,使硅钢片在轧制方向上的磁导率降低,材料的单位铁损劣化。

理论分析及实践证明,如果硅钢片在剪切加工中,采用了形状不适当的刃具或不好的设备,这种剪切应力对硅钢片的剪切影响区的宽度可达 5~8 mm。对于冲孔操作其影响区比原直径要增加 1~15 mm。硅钢片在搬运和叠积过程中,由于不细心产生了半径 300 mm 以下的弯曲等也会对其性能产生影响。总的来说,由于冷轧硅钢片的应力敏感性,其在加工过程中所受到的各种机械应力使硅钢片的损耗增加 5%~10%,空载电流的增长甚至超过 30%。晶格随着畸变因素的存在和恶化,按照歪扭-畸变-破裂的规律继续恶化。

必须采取措施加以限制和恢复。由于钢中原子在常温下的活性不足,所以组织恢复异常困难,甚至没恢复的可能性。根据热处理理论可知,这种变形的金属要想恢复到原来的那种状态,必须经过两个过程:消除晶格歪扭和晶粒成长。第一个过程并不需要很高的温度,因为原子发生的位移并不大,稍稍加热(200~300 ℃)即可消除晶格的歪扭。但是在消除晶格歪扭的过程中,并没有伴随显微组织及密度的变化,因而只消除了部分内应力。剩余内应力的消除应将钢加热到稍高于 Am 温度(铁素体全部变为奥氏体的加热临界点),使金属原子获取更大的移动能力,只有原子有了更大的移动能力后,才会使形变晶粒重新结晶为均匀的等轴晶粒(重结晶现象),此类热处理称为完全退火。如果将钢加热到奥氏体相变以上的温度,使合金达到平衡状态并缓慢冷却,可获取更加稳定的组织状态,这个过程称为再结晶退火。

当硅钢片通过各道加工工序后,其所受应力达到一定数值时,铁心在叠装前就应该对其进行退火处理来去除部分应力并恢复原有磁性能,消除应力退火还可以降低可能出现的一些毛刺,并改进钢板的不平度。

实践证明,采用同牌号、同规格的材料制成的变压器,经退火的比不经退火的空载损耗可降低 5%~10%,空载电流可降低 15%~30%。可见,如果采用先进的自动化生产线(如乔格纵、横剪线)或合理的加工方法,既可减少工序周期,又减少了变形量和剪切毛刺,利用高质量的硬质合金模具,千方百计从各方面减少产生机械应力或者使用对应力敏感小的材料等,均可不进行退火处理。必要时(特别是采用冷轧取向硅钢片制作卷铁心时)应进行退火处理,其目的是使其在加工过程中硅钢片的电磁性能劣化的现象得以恢复。

通过上述介绍,可以得出以下结论:

(1) 经过冲剪、拉弯、敲击、磕碰等的铁心片在特殊要求的情况下必须进行退火。

(2) 退火有可能彻底恢复晶格原形,并可进行相变和晶粒细化,改善材料的电磁性能。

(3) 即便进行低温退火,也对消除内应力有一定效果,故压毛、涂漆、烘干工艺对消除内应力仍有一定作用。

(4) 高温退火还可烧去部分毛刺。

2) 退火的基本原理

退火是将钢加热到一定温度,经保温后缓慢冷却,以获得接近于平衡组织的热处理工艺方法,退火可分为三类:

(1) 完全重结晶退火。将钢加热到 A_{c3} 或 Ac_{cm}(钢的组织形成单相奥氏体时临界加热点)以上某一温度,经保温后缓冷下来。由于钢的组织经历了一次完全重结晶,故叫完全重结晶退火。其主要应用有扩散退火(又称均匀化退火)、完全退火和等温退火。

(2) 不完全重结晶退火。将钢加热到 A_{c1}(得到奥氏体和渗碳体组织的加热临界点)与 A_{c3} 或 A_{cm} 之间某一温度,经保温后缓冷下来,使钢的组织发生不完全重结晶,故称不完全重结晶退火。不完全退火的加热温度比完全退火低,且停留在双相区。除此之外,其他工艺过程均类同于完全退火。其主要应用有球化退火(普通球化退火、等温球化退火和周期球化退火)、不完全退火(改善切削加工性能的不完全退火和改善冷变形性能的球化退火)。

(3) 不发生重结晶退火。将钢加热到 A_{c1} 以下一定温度,经保温后缓冷至某一温度出炉。由于在退火过程中不发生重结晶,故称不发生重结晶退火,也称低温退火,其主要应用有去应力退火和再结晶退火。

不同的退火方案采用不同的退火温度,达到不同的金相组织和特定的物理性能。第三类退火是生产硅钢片的厂家所必须采用的工艺过程。对于变压器和互感器制造厂来说,采用第一类退火工艺。

硅钢片在一定气氛下退火,可以加速原子向冷加工前的稳定状态转化。但是当温度不太高时,原子扩散能力较低,只能作短距离扩散,使某些晶粒缺陷互相抵消,可减少一部分畸变应力,此过程发生在升温过程中。当继续升温到达保温阶段时,由于原子扩散能力增强,组织和性能发生剧烈变化,在变形组织上,首先出现一些细小的晶核,晶核的形成除了使晶界和晶格变形外,还使晶格逐渐增长,直到互相接触,完全取代了原来已变形的组织,使每个晶粒形成一个等轴晶粒。新晶粒具有和变形前相同的基本完整的晶格。这样就消除了加工过程中产生的晶格缺陷和内应力,形成了更加稳定的平衡结构,恢复了晶粒择优取向排列的高斯结构和沿轧制方向的高导磁性能,降低了单位铁损。

3) 硅钢片退火的工艺要求

无论进行冲裁或剪切而制成叠片,或缠绕成铁心、电磁钢板都可能导致应力。这些应力对磁性能带来有害的影响,如铁损和导磁性劣化等。为了消除这些应力并恢复原有的磁性能,需要进行去应力退火。去应力退火还可减小可能出现的任何毛刺,并改进钢板的不平度。下面对硅钢片进行去应力退火的主要工艺进行介绍。

(1) 保护气体的使用。退火过程中,若过度氧化将严重损害磁钢片的磁性能,尤其是用于高磁通密度状态下材料表现得更为突出。为防止在退火气氛中存在杂质而造成过度氧化特别是为了保护硅钢片的绝缘膜不受伤害,应在密闭状态下排除所有空气并代之以非氧化气氛进行退火。新日铁公司建议可采用干沙密封的退火罩,其中罩对炉料的密封情况特别关键,气氛采用 10% 以下的氢气和 90% 以上的氮气组成的非爆炸性气氛,或 100％的纯氮气且气氛的露点应保持在 0 ℃以下。

常用保护气氛的种类如下:

① 除氧干燥的氮气,含氮量的体积分数不低于 98％,含水量的质量分数不高于 0.03％。一般采用高纯氮,含氮量的体积分数为 99.9％。

② 除氧干燥的氢气,含氢量的体积分数为 99.99％。

③ 将天然气经燃烧除去二氧化碳和水后的气体。

④ 用分解氨并将其部分氢或全部氢经燃烧后所得气体,也是一种好的保护气氛。

根据所用保护气体的不同,退火可分为氢气退火、氮气退火、氩气退火、混合保护气退火,另外还有不充入任何保护气氛的真空退火。

保护气氛的使用注意事项主要包括:

① 各种保护气氛中,含氢量体积分数一般不超过 2％。当含量过大时,氢气可能使硅钢表面涂层氧化物还原,使薄膜受到破坏,绝缘电阻下降,严重时引起涂层脱落。

② 各种保护气氛中的氧气都必须除净。

③ 各种保护气氛的露点应低于 0 ℃。

保护气氛的主要使用方法包括:

① 保护气氛可以是循环式(配有净化干燥器等)或是排放式,后者由于使用简单、安全,故应用较广。

② 退火开始时,应尽快排净氧气。把经过滤干燥的氮气(或其他保护气体)由管道通入炉内。对于罩式退火炉,每小时需要的供气量体积至少应为内罩体积减去工件体积后的 10 倍,工作温度为 550 ℃以上应保持供气量,退火周期内的其余时间可将供气减半,而升温不到 300 ℃和降温到 300 ℃以下时,可以不通入保护气体。

(2) 防止碳杂质的污染。由于碳污染对电磁钢板的磁性能极其有害,而且取向硅钢片和取向 Hi-B 硅钢片具有极低的含碳量,在退火温度下极容易产生渗碳。当使用罩式退火炉时,要求退火炉基础、内罩和用于炉内的其他部件都应该具有极低的含碳量。硅钢片应全部采用低碳钢材制成,以免使铁心片渗碳。一般采用含碳量质量分数低于 3％的 Ni-Cr 钢或 Ni-Cr-Mo 钢,如采用含碳量质量分数约 0.03％的不锈钢制造底板和内罩。另外,对于任何附着在叠片或铁心上的油污在附罩前都应进行清除。

(3) 退火炉中铁心片的堆放。当硅钢片或铁心被叠放在一起时,要同时考虑到罩的热辐射,以及退火保护气的热对流而产生的热传导作用。特别要注意的是退火基础的平整度,因为一个不平的基础会使退火的铁心或叠片产生变形,从而导致在装配过程中产生反向变形的可能性,这将会破坏硅钢片的电磁性能。

将铁心片按"下大上小"的要求堆放在相当平的退火底板上,每垛之间要留有10～20 mm空隙。高度方向每200 mm用硅钢垫条垫空隙,以便传热。堆垛时要注意压力均匀,以防铁心变形。

上述原则也适用于连续退火炉,只是不要求密封性。

(4)从叠层边缘加热。由于从材料边缘加热,热传导较快,所以为了迅速而且均匀地进行加热,避免由于温度的快慢变化而产生热变形,应在材料边缘至边缘方向加热叠层,而不采用表面至表面的方向。因此,炉中堆料较多时,应尽可能每堆至少都有一个受热侧面,避免任何一堆出现无受热侧面的所谓"内堆"现象发生。

(5)退火温度控制。

① 取向硅钢片去应力退火的温度为800 ℃,容许最大偏差为20 ℃(1 472 ℉±36 ℉)。

② 无取向硅钢片退火温度设定在750 ℃较为适当,一般的做法是将炉料加热到720～750 ℃(1 328～1 382 ℉),并保持这一温度以便实现均匀的热渗透,在760～785 ℃(1 400～1 445 ℉)退火可能获得稍好的磁性能,但是在这种情况下,温度和气氛应严密地加以控制。

③ 罩式退火炉温度控制。铁心片随炉徐徐升温到600 ℃,为了避免铁心片变形,在600 ℃到保温温度760～800 ℃过程中,应使各点升温速度不得大于20 ℃/h,以便铁心片受热趋于均匀。温度梯度大小,取决于炉子功率、内罩容积、硅钢片尺寸、装炉质量和堆垛情况等因素。例如,在同一条件下,对于宽度250 mm的硅钢片由一侧加热,加热速度为20～30 ℃/h;而对于宽度125 mm的硅钢片也由一侧边加热,则它的加热速度可增加到80～104 ℃/h。若两侧面加热,则相应加热速度可加快2/3。

对于冷轧晶粒取向硅钢片,退火保温温度为(760～800 ℃)±20 ℃,保温时间应当使最冷点的温度升至退火温度的下限以上,而最高点不能超过其上限。其目的就是要把退火的硅钢片全部热透,便于内应力消除,以利于晶格重新排列,恢复其原来的取向和磁性能。

为了避免铁心再发生畸变,保持和改善原来的平整度,冷却阶段是十分重要的。在冷却开始时速度要慢,在降低到600 ℃以下,降温速度以20～30 ℃/h为宜;600 ℃以下随炉冷却;400～450 ℃可以移除外罩;200～250 ℃可以打开内罩。注意,降温过快不仅影响铁心的平整度,而且有可能再次产生内应力,这样磁性能得不到改善,也达不到退火的预期效果。

为了得知退火件各点温度分布,在首次退火时,应该在工件各点放置热电偶,测出各点温度,据此作为制订和修改各段退火温度的参考。

④ 连续式退火炉温度控制。铁心片成叠在连续式退火炉中退火。此种退火保护气氛与罩式炉相同。工件可在 300 ℃时出炉。罩式炉的退火原则也适用于连续退火炉,但是连续式退火炉加温和降温都较快,故各点不会产生太大的温差。为了获得较好的平整度,第二加热区不要超过 700 ℃,而相邻两区之间的温度差不应超过 80 ℃。加热或冷却过程中,当温度大于 600 ℃时,加热或冷却速度不超过 50 ℃/min,一般采用 50 ℃/min。在加热到 370 ℃之前,可以不通入保护气体。当温度低于 600 ℃时,冷却速度可以加大。在第一次退火时,应安装临时热电偶对温度分布进行验证,尤其是炉子的横向温差,必要时调整各区温度和传动速度。

单片在连续式退火炉中退火,因整个退火周期短,故不需要保护气体(退火气氛采用空气)。退火温度一般采用 800 ℃±20 ℃。在此温度下保持 30 s～2 min。加热和冷却速度应适当,以防止工件变形或产生应力,其升温或冷却速度与铁心片宽度有关。例如,片宽为 200 mm 的铁心片,从室温升到退火温度约为 30 s,降至 400 ℃时用时约 30 s。当片宽超过 200 mm 时,升温和降温速度应进一步降低。

(6) 典型退火工艺曲线。不同牌号的硅钢片,其所受应力程度不同,其退火工艺的最佳参数也有所不同,通常由硅钢生产厂提供退火曲线,或由变压器生产厂寻找最佳的退火方法和退火工艺参数。由于退火设备各厂不一,因此自行试验并找出最佳退火工艺参数是较为可取的。

5.2.2　退火炉的结构与性能特点

退火炉可分为周期式退火炉和连续式退火炉等两大类。周期式退火炉又分为罩式、台车式和箱式退火炉三种;连续式退火炉又分为推杆式、步进式、辊底式、输送带式等四种。不同的退火设备其结构上有所区别,但其退火的基本原理都是一样的。根据工件的种类、尺寸、批量大小,可选用上述不同的退火炉。下面对几种典型的退火设备进行简单介绍:

(1) 台车式退火炉。台车式退火炉由炉体和台车组成。硅钢片装入退火箱内。退火箱装在台车上,由人力推拉或电动机拖动进出。退火箱有两种结构:一种是箱内工件严密砂封后退火,不使用保护气体;另一种是在砂封退火箱四周边缘,内充入保护气体。前者结构简单,后者因要求气密性,故结构复杂。

（2）罩式退火炉。常用的罩式退火炉,由钟罩、内罩和炉台等组成。退火工件置于炉台上,内罩可充入保护气体,一般为氮气,罩底用砂密封。罩式炉的主要优点是结构简单、操作方便及安全可靠,因此应用较为普遍。

（3）连续式退火炉。连续式退火炉是一种辊底式退火炉,由上料升降台、压毛机、加料台与前室、炉子加热段、水套冷却段、卸料台、出料升降台和电器控制系统组成。其中,剪切加工后的料架放在升降台上,靠升降台调整送料高度。压毛机主要起压毛加工作用。

5.2.3　环形卷铁心的退火操作

（1）退火的目的。在采用电磁硅钢片进行环形铁心的卷制过程中,卷绕操作使卷制后的硅钢片内部产生一定的应力,直接对其电磁性能产生不良的影响,使硅钢片在轧制方向上的磁导率降低,材料的单位铁损劣化。铁心经退火处理可以去除其部分应力并使硅钢片恢复其原有的磁性能。

（2）退火操作前的准备。准备好退火操作中所用的工装、工具[主要包括:镍铬-镍铝热电偶,电子电位差计,气体压力调节器,气焊表、医用气表各一支,用于通气的普通软橡胶管,用于通氮气的不锈钢管(1.7 m)、钳式电流表等]。

选取退火设备,罩式退火炉如图5-3所示。

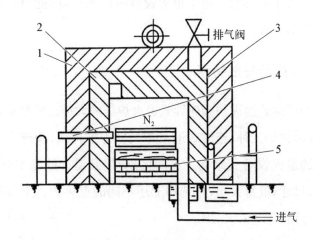

图 5-3　罩式退火炉

1—钟罩;2—内罩;3—电热丝;4—热电偶;5—炉台

准备好所用氮气。氮气的要求是：一律为瓶装，含氮量 99.9％以上(按体积)，含水量＜0.03％(按质量)。将氮气瓶固定在可靠位置，远离热源 2～3 m。安装好压力调节器(气焊用表)缓慢打开钢瓶上的阀门，查看钢瓶内压力，缓慢打开压力调节器手柄放出少量气体，检查各处应不漏气，再关闭阀门。

备好细孔粗粒硅胶，先用氯化钴将其染色，后经(110±5)℃不少于 8 h 的充分干燥后使其变为蓝色，再放入吸湿器，每个吸湿器内装 25 kg。炉罩封闭用石英砂或河沙，要求干燥、无泥土和无杂质。用橡胶管将吸湿器连至气体钢瓶和退火炉，将各热电偶分别插入退火炉的内外罩里，并接到电子电位差计上，以控制罩内温度。插入炉内的热电偶应用不锈钢管保护并固定密封。检查热电偶、电子电位差计接线是否有误。

检查电源开关及控制设备应无故障，电气连接可靠，试合闸并操作按钮，观察仪表指示是否正常，用卡钳式电度表测量各相电流是否平衡以判断炉底电阻是否产生断路，一切正常后将开关置于开路状态。

清扫退火台，并备好数块耐火砖。

(3) 装炉。将待退火铁心表面的油污、灰尘等异物擦拭干净，在退火炉台上垫好几张废硅钢片，将卷铁心按"下大上小"的次序整齐地堆放在炉台上，两个卷铁心之间至少垫三块耐火砖或不锈钢板，以形成空隙使其退火过程中受热均匀，同时不至于在高温下发生变形。堆放时应保证平稳，大铁心中可以适当放入小铁心。

装炉过程中，尽量使直径较大，片宽一般在 100 mm 以上的为一炉；而尽量使直径较小，片宽一般在 100 mm 及以下的铁心为一炉，以合理调整保温时间。装炉量以盖好内罩为止。装好通气管，固定好炉内热电偶。将氮气瓶经橡胶软管连接于退火炉进气管上，其出气管同样接一胶管，并将胶管一端浸入一水盆内，没入水面 5～10 mm。

吊内罩入位，用石英砂(或河砂)将内罩四周密封。打开氮气瓶，缓慢充入氮气，使瓶端压力表指示为 0.4～0.5 MPa，同时查看有无干砂被冲开的地方，若有，应重新用干砂封至不漏气为止，经常检查，使压力不低于规定压力，并保证水槽内的出气口一直有气泡冒出。

通入两瓶氮气后，吊入外罩，接好电源电缆，在中部观察孔内插入热电偶。在整个退火过程中，炉底电源采用"丫"形联结，炉罩电源采用"△"形联结。

先合闸 5 min，用卡流表测量各相炉罩电流，检查是否正常。

上述各项工作完成后,按顺序合上开关柜总闸、炉台闸,以及控制回路,电子电位差计等各开关旋钮,退火炉加电升温。

在升温的同时,以 12~15 L/min 的速度向罩内供应氮气,炉内出气口在水盆内应有气泡缓缓冒出。

(4) 加热退火。退火过程可分为以下几步:

① 一次将炉温升至 200 ℃,从 200 ℃ 开始每半小时升温 40 ℃,使炉温升至 360 ℃,然后从 360 ℃ 降到 300 ℃,保温 2 h。

② 以 40 ℃/h 的速度从 300 ℃ 升到 760 ℃,每半小时升温 20 ℃,一直升至 760 ℃,然后从 760 ℃ 开始每半小时升温 10 ℃ 升至 820 ℃,保持 30 min 后降至 800 ℃。

③ 在 800 ℃ 下,片宽 100 mm 及以下者保温 3 h;片宽 100 mm 以上者保温 4 h。

④ 保温完毕后,开始降温。从 800 ℃ 降到 760 ℃,速度不大于 20 ℃/h,每半小时降温 10 ℃。

⑤ 从 760 ℃ 降到 600 ℃,速度不大于 40 ℃/h,每半小时降温 20 ℃。

⑥ 从 600 ℃ 以下停止供电,铁心随炉自然降温。

⑦ 当炉温降到 400 ℃ 以下时,即可吊离外罩。吊外罩前应先拔掉炉中的热电偶。

⑧ 吊离外罩后断续供氮气 3 h,停气后将出气管从水盆中拿出。

⑨ 当手触内罩不烫手时,即可吊离内罩出炉铁心。

⑩ 整个充氮退火过程,铁心温度变化曲线如图 5-4 所示。

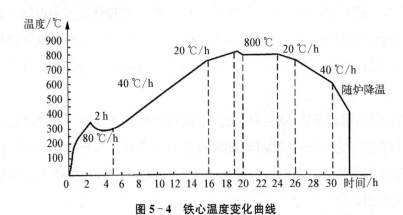

图 5-4 铁心温度变化曲线

第6章

叠 片 机

6.1 自动叠装的起源

随着劳动力逐渐短缺,传统的具有一定体力劳动强度的叠片工种面临从业者断层的危机,越来越多的企业在劳动力招聘的过程中,深切地体会到机器取代人工的必要性及历史趋势。

进入 21 世纪以来,伴随着相关领域技术的发展及应用,以及电工装备的自动化程度的提高,自动叠装设备的雏形已经初步在相关从业者的头脑中诞生。一些企业联合高校及研发机构,大胆进行着尝试和创新。机器人的应用、视觉的应用,纷纷被提出,研发项目的不断落地,推动着自动叠片设备的发展与成熟。

6.1.1 机械结构的延续

横剪设备采用伺服驱动控制系统后,大幅度提高铁心片料剪切速度的同时,也为自动叠片设备的研发提供了参考。

如图 6-1 所示,片料可以在横剪的通道中高速传输,自然也就可以运用相同的结构对已经剪切成形的片料进行传输。这一传输结构,恰恰是自动叠片设备设计的突破口。

横剪通道的机械结构在自动叠片设备的片料传输机构中得到了延续。这也正是一些横剪线制造企业的先发优势。他们围绕片料传输机构,设计相关联的料仓机构、片料定位机构、片料抓取叠放机构等。甚至一些早期研发的自动叠片设备将铁心的起立装置直接与叠装设备连接。

6.1.2 机器人的应用

一些在非标自动化领域有一定研发能力的机构在与变压器生产企业联合研发的

图 6‑1　横剪的通道结构

过程中,将机器人首次应用到自动叠片工序中,如图 6‑2 所示。这一突破性的尝试为后续大型铁心整循环叠装的研发提供了实物模型。

图 6‑2　双机器人叠片

针对 6 种规格铁心的主级叠装,采用安装有抓具的工业六轴机器人完成叠片动作,通过将不同片形放置在对应料仓中的防错设计,成功将横向 5 级接缝的 17 种片形进行分类配对组合,使机器人抓放效率最高。料仓设计有换型块,根据不同规格铁心的片料进行对应的组合。

首次研发的双机器人叠主级工作站,对叠片逻辑动作进行清晰的分工,一个机器人将上下轭片料同时通过真空吸附抓取,另一个机器人将两边片和中柱片料同时吸附抓取,然后按照"轭先柱后"的顺序叠放到叠装平台上。这项研发申请了多项发明专利,为后续其他结构形式的叠片设备研发打下实践基础。

当然,双机器人叠主级工作站方案不可避免地存在一些不足之处。前道的横剪线可以按步进顺序剪料,因为没有设计片料检测装置,所以横向步进的上下轭片料必须分开,一个料仓内只有一种完全一模一样的片形,中柱片料也需要按步进分开。这样一来就需要众多的料仓用来容纳所有片形。这也局限了双机器人叠片结构的进一步发展,其他结构形式的叠片设备应运而生。

6.1.3　配套技术的应用

在众多相关领域中,视觉技术几乎也是在进入 21 世纪后逐步应用到更多的行业中。

这项技术也是与自动叠片,甚至与铁心的智能制造紧密相关的一项技术。这项技术使得片料的检查与测量脱离人工,也正是保证了来料的正确,才使得自动叠片真正地成为可能。OMRON 视觉检测界面如图 6-3 所示。该检测系统可以对设定好的有限片形进行相应尺寸的测量,并通过与标准值的比对,输出 OK 或 NG 信号。

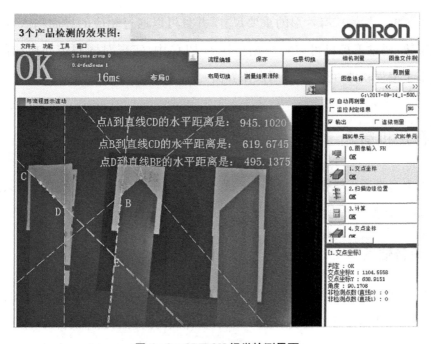

图 6-3　OMRON 视觉检测界面

因为上述检测系统只能分析有限的片形数据,不适用于具有一定兼容性要求的铁心自动叠片需求,所以在后续的实际应用中并没有采用上述检测方案,而是采用了如图 6-4 所示的新型视觉检测系统。

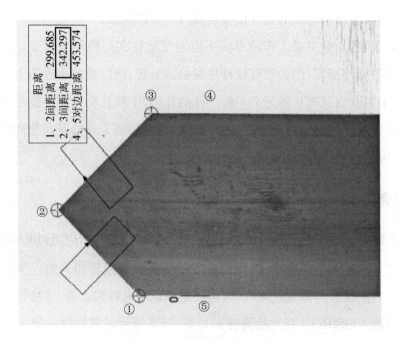

图 6-4　新型视觉检测系统

该系统可以检测所有片形的重要尺寸,并且可以通过相应的界面输入叠制铁心的相关参数,通过工控机可以将数据传输到 PLC 中,实现对伺服传动机构的控制。该系统基于编程软件,可开发专用操作界面。

6.2　叠片机简介

海安上海交通大学智能装备研究院联合海安交睿机器人科技有限公司共同研制的 JTS1000 型铁心自动叠片机如图 6-5 所示。

6.2.1　设备信息

JTS1000 型铁心自动叠片机为设计参数范围内,多种型号变压器铁心的"日"字形或"EI"形叠装而设计。叠装节拍 5 s/层,领先国内同类型叠片设备。

海安上海交通大学智能装备研究院自主研发的视觉检测系统为铁心的高效、可

图 6‑5　JTS1000 型铁心自动叠片机

靠、自动叠装提供质量保证,也为后续设备接入数字化系统和进一步升级为智能制造模式提供技术支持。

6.2.2　环境要求

设备使用现场需要从以下几个方面满足一定的要求。

温度:−10 ℃至+45 ℃,相对湿度<80%;

压缩空气:0.6～0.8 MPa 一寸管接至现场,2 m³/min 以上供气量;

电源电压:三相,电压(380±15%)V、频率(50±1%)Hz;

行车:≥5 T;

房屋、地坪:房梁高度≥5 m,地坪承载 5 T/m²,混凝土厚度 20 cm 以上。

6.2.3　设备构成

JTS1000 型铁心自动叠片机由叠装系统、料位系统、传输系统、视觉识别系统、叠装平台系统、气动系统、电气控制系统等部分组成。

1) 叠装系统

叠装系统是采用“2+3”模式将片料叠成“日”字形或“EI”形的机构,包括上下轭抓具模块、边中柱抓具模块和框架,如图 6‑6 所示。

上下轭抓具模块抓取上下轭片料,并在将其叠放到相应位置前将片料之间的距离调节至该型铁心上下轭的设计距离。

边中柱抓具模块抓取边中柱片料,并在将其叠放到相应位置前将边柱片料之间

图6-6 叠装系统

的距离调节至该型铁心边柱的设计距离。

两个抓具模块均由伺服电机驱动高精度滚珠丝杆组件,实现片料的叠装定位和距离调节,保证了片料最终叠放位置的精度。

框架由高强度焊接结构件组装而成。焊接结构件经焊后去应力处理,采用高精度加工母机加工,保证其形位精度符合要求。

2) 料位系统

料位系统是存放轭片、柱片料堆且能够将片料从料堆抓取并放置到传输线上的机构,包括上下轭供料模块、边中柱供料模块、上下轭上料坐标机器人模块和边中柱上料坐标机器人模块,如图6-7所示。

上下轭料位模块   边中柱料位模块

图6-7 料位系统

上下轭供料模块、边中柱供料模块均由底座、轨道、料车、标准堆料板和定位气缸组成。

上下轭上料坐标机器人模块将堆料板上的上下轭片料抓取并由伺服电机驱动，将所抓取片料送到设定位置。

边中柱上料坐标机器人模块将堆料板上的边中柱片料抓取，并由伺服电机驱动，将所抓取片料送到设定位置。

3）传输系统

传输系统是将片料传输到定位区域并按不同步进定位的机构，包括输送线模块、通道模块、端定位模块和底部框架，如图 6-8 所示。

上下轭传输模块　　　　　　　　　　　边中柱传输模块

图 6-8　传输模块

（1）输送线模块由输送带、输送辊、托料滚球及其驱动系统组成。

（2）通道模块由限宽滚轮、整料板，以及实现通道宽窄调节伺服驱动系统、滚珠丝杆和直线导轨组成。

底部框架采用整体焊接加工结构。焊接结构件经焊后去应力处理，采用高精度加工母机加工，保证其形位精度符合要求。

4）视觉识别系统

视觉识别系统是用于识别片料重要特征尺寸是否满足精度要求的系统，包括工控机、高精度 CCD[①] 相机、镜头和软件系统，如图 6-9 所示。

片料的重要特征尺寸是指影响叠装精度的片宽、轭片孔边距、中柱尖边距及片料端部夹角。这些尺寸对接缝大小有着直接的影响，所以需要进行精确测量并判断是否在允差范围内。

---

① 电荷耦合器件，charge coupled device。

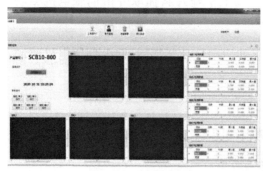

图 6-9 视觉识别系统

叠片参数在该系统中输入后,直接下载到控制系统的 PLC 中,不需要重复输入。当片料的重要特征尺寸超过设定偏差时,系统将报警,设备将暂停运行。

5) 叠装平台系统

叠装平台系统是驱动两叠装台交替进出叠装区域的机构,包括叠装平台模块、升降模块、轨道和底部框架,如图 6-10 所示。

图 6-10 叠装平台系统

叠装平台模块由叠装平台、夹件支座梁、夹件底座、拉板垫梁、丝杆和直线导轨等组成。

升降模块由升降台面、升降机底座、导柱线性轴承等组成。

底部框架采用焊接结构件组装而成。焊接结构件经焊后去应力处理,采用高精度加工母机加工,保证其形位精度符合要求。

6) 气动系统

气动系统包含气源处理联件、气缸、旋转夹紧缸、真空吸盘、电磁阀、真空发生器等气动元件,主要用于实现抓具升降、片料的抓取、料位切换和叠装台夹紧等动作。

气动系统所涉及的元器件在后续章节中进行详细介绍。

7）电气控制系统

电气控制系统包括电控柜、操作台、传感器等元件。

如前文所述，视觉识别系统中输入的参数下载到 PLC 中后，PLC 将根据各级叠片数进行上料和叠片的计数。某一级叠片完成后，PLC 控制片料传输通道自动调整至下一级的片宽。PLC 主界面如图 6-11 所示。

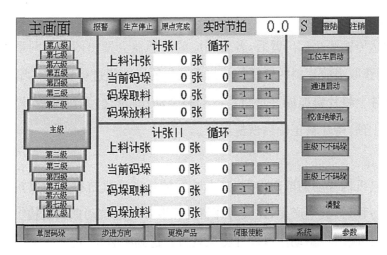

图 6-11 PLC 主界面

6.2.4 工艺过程简述

1）备料

操作人员需要将各级所用的片料按叠装的反向顺序堆垛在堆料板上，靠紧对应的定位面即可。当一组料位的片料准备完毕后，扳动手动换向阀手柄，将满料的料位移动至工作区域，上料机构将抓取相应片料。

当满料位进入工作区域时，留在工作区域外的空料位可以准备后续一级或多级的用料。

2）上料

上料坐标机器人抓取进入工作区域的满料位上的片料，由升降气缸推动上料抓具机构向下移动直至真空感应开关感应到真空发生后，升降气缸将上料抓具机构拉至最高位置。

上料抓具机构上升到最高位置后，传感器发出信号。高效伺服驱动机构将上料抓具机构移动至放料位置,到位后,真空破坏,片料落至传输线上。

3)传输

当片料落在传输带上后,沿传输通道向端定位模块方向运动。在传输过程中,通道会将片料从偏于中心比较大的位置,整理到一个精确的通道内,直至片料碰到传输线端部的定位挡块。

传输线端部的定位模块会根据当前片料来设定位置。

4)识别

片料到达传输线端部位置后,各自相应的传感器会发出图像识别系统拍照的工作信号,分别获取当前片料的特征值并与系统中的标准值进行比对。当两值一致时,叠装抓具部件会将片料抓取并进行后续的叠装动作;反之,系统报警,操作人员进行相应的检查干预,待片料正确后恢复运行。

5)叠装

叠装抓具机构移动到取料位置,其上装配的标准型气缸推动抓具机构下行。气缸到达最大行程后,真空产生,完成对片料的抓取。气缸拉动抓具机构上行至最高位置。到位后,伺服电机驱动滚珠丝杆将抓具机构送到叠装位置。

此过程中,伺服驱动机构将对应的片料距离调整为叠装所需要的距离。抓具机构移动到叠装位置后,标准型气缸推动抓具机构下行至最大行程,真空破坏,片料放至叠装平台上,气缸拉动抓具部件上行至最高位置。

6)节拍

本设备将循环执行叠装动作流程,将各层片料精确叠放到相应位置直至达到系统设定的相应数值。一个节拍包括叠上下轭、边中柱各一片,时间为 5 s 左右,叠装速度 3 600 片/h 左右。

7)工位

该设备共有两个准备工位和一个叠装工位。工人在准备工位将夹件、拉板、绝缘等安装完毕并调整到位后,按下准备完成按钮。系统开始运行后,叠装台会自动移动进入叠装工位。叠装开始。另一准备工位可以进行下一台铁心所需要的夹件等配件安装工作。准备工作完成后,按下准备完成按钮。

叠装完成后,切换叠装平台,满载叠装台从叠装区域移出,准备完成的叠装台移入后可进行连续生产。

6.3　离线剪叠产线

6.3.1　离线式剪叠产线

海安上海交通大学智能装备研究院研发的离线式变压器铁心自动剪叠生产线如图 6‑12 所示。该剪叠产线包括带有四头放卷机构的 HJ‑400‑6 硅钢片电动横剪线、接料平台及缓存库系统、JTS1000 叠片机及料位库系统。

图 6‑12　离线式变压器铁心自动剪叠产线

该剪叠产线约定以 JTS1000 型铁心自动叠片机为基础，设计适用于剪叠产线的接料平台及缓存库系统，以及料位库系统。

缓存库容量按"容纳最多 8 级片料、2 个批次交替、每批次可叠 4 台铁心、主级单台存放、其余级 4 台存放"的约定条件进行料位数量设计。

料位库按"容纳 1 台主级片料、其余各级片料"的约定条件进行设计，其中需要考虑多台各级片料在叠片过程中的流转和主级换料的问题。

1）横剪线

离线式变压器铁心自动剪叠生产线中所采用的横剪线，如图 6‑13 所示，需满足两 V 两冲两剪的工位要求，从而可以实现轭片、边片及中柱片料的全序列剪切。

该横剪线相较普通横剪的程序要简单得多，只需要编辑一种片料剪切顺序即可。如图 6‑14 所示，按照约定好的片料顺序剪出，叠装设备按照反序进行抓取叠片。

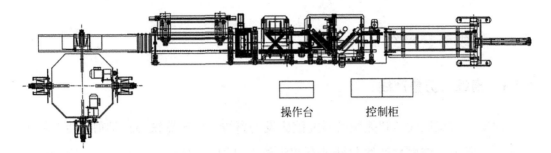

操作台　　　控制柜

图 6 - 13　HJ - 400 - 6 横剪线平面图

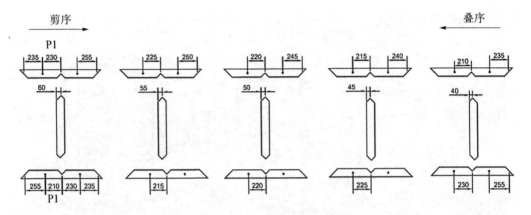

图 6 - 14　级内剪叠片顺序

前文已介绍过铁心叠片存在步进,所以片料的剪切和叠片一定要在约定的统一顺序下进行。

此外,该横剪线保留传统的上下层出料方式及打料架升降机构。接料平台机构与上下层打料架对接,需要横剪对片料的落料位置进行精确保证,为后续稳定叠片打下基础。

2) 接料平台及缓存库系统

接料平台及缓存库系统,如图 6 - 15 所示,包括接料平台、转接机构、轭片缓存库和柱片缓存库。该系统外形呈"L"形布局,为对应 JTS1000 型铁心自动叠片机料位库而设计。该系统可存放按约定容量确定的堆料板,并可以实现满料堆料板与空堆料板的循环流转。

(1) 接料平台。接料平台如图 6 - 16 所示,是用于将剪切完成的片料移出并将空堆料板送入横剪打料架正下方的机构,为上中下三层结构,上层为空堆料板返回层。出料转接机构会将空堆料板自接料平台左侧搬运至上层并经传输线输送至接料平台

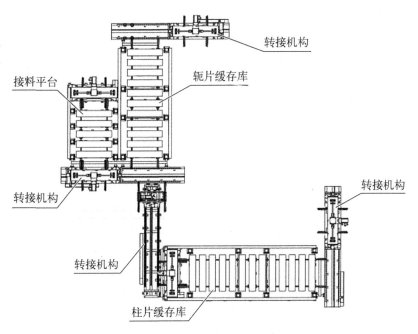

图 6‑15　接料平台及缓存库平面图

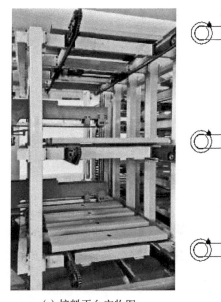

(a) 接料平台实物图

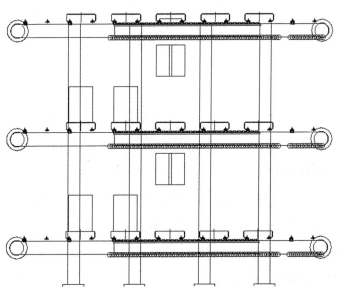

(b) 接料平台堆料板位置示意图

图 6‑16　接料平台

右侧。固定转接机构将空堆料板自上层接出，送入中下层。

　　中下层为接料层，堆料板自右向左按一定距离移动(381 mm)。当一块堆料板接料完成后，传输线将其向左移出，同时右侧一块空堆料板进入接料位置。

（2）转接机构。转接机构如图 6-17 所示，是在料堆向叠装系统传输过程中进行机构与机构之间、缓存库与料位库之间进行转接的机构，有固定升降式、移动升降式和移动旋转式三种结构形式，用以实现不同的转接需要。在转接机构上，料板移动的距离为 400.05 mm。

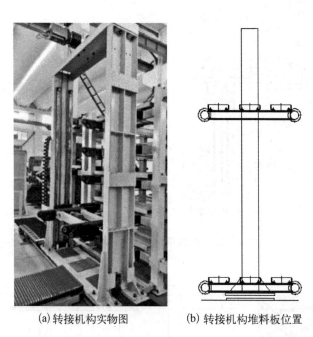

(a) 转接机构实物图　　　　　(b) 转接机构堆料板位置

图 6-17　转接机构

固定升降式转接机构，包括固定矮转接机构（三处）和固定高转接机构（一处）用于实现多层结构的平台或料库的层与层之间的堆料板的搬运。例如，从某一层将堆料板接出至其升降平台上，上升或下降到另一层后，将堆料板送入。

移动升降式转接机构包括出料转接机构（一处）、轭片出库机构（一处）和柱片出库机构（一处），用于实现多层平台之间的堆料板搬运。如从某一料库的某一层将堆料板接出，水平移动到另一平台或料库的对接位置并上升或下降到该平台或料库的某一层将堆料板送入。

移动旋转式转接机构是柱料旋转机构（一处），用于实现柱料堆在相互垂直的机构之间搬运时进行方向调整。当柱料入缓存库时，需要将料堆旋转 90° 送入缓存库。

（3）缓存库。缓存库是储存待叠片料的机构，包括轭片缓存库和柱片缓存库。缓存库中料板之间的距离为 381 mm。

轭片缓存库如图 6 - 18 所示,是用以存放横剪剪切完成的上下轭片料的机构,通过传输线将各级片料按顺序传输,并可以将空堆料板回传。该缓存库设计为 5 层结构,每层 13 个位置,存放 11 个料堆。最上层用于空堆料板的回传,下面 4 层用于料堆的传输。

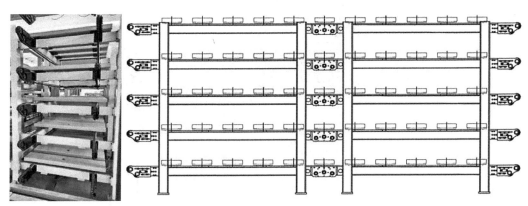

(a) 轭片缓存库实物图　　　　　　(b) 轭片缓存库堆料板位置示意图

图 6 - 18　轭片缓存库

柱片缓存库如图 6 - 19 所示,是用以存放横剪剪切完成的边柱及中柱片料的机构,通过传输线将存放有多台套各级片料按顺序传输,并可以将空堆料板回传。该缓存库设计为 7 层结构,每层 15 个位置,存放 13 个料堆。最上层用于空堆料板的回传,下面 6 层用于料堆的传输。

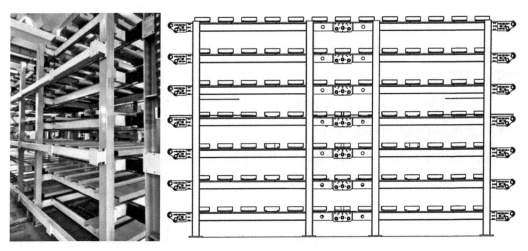

(a) 柱片缓存库实物图　　　　　　(b) 柱片缓存库堆料板位置示意图

图 6 - 19　柱片缓存库

3）料位库及叠片机构

如图 6-20 所示，料位库及叠片机构是在 JTS1000 型铁心自动叠片机基础上，设计适用于剪叠产线的料位库系统并对原有上料机构进行了相应优化而成。叠片机构仍采用原叠片机上伺服电机驱动的真空吸附抓具系统，参见前文叠片机介绍内容。

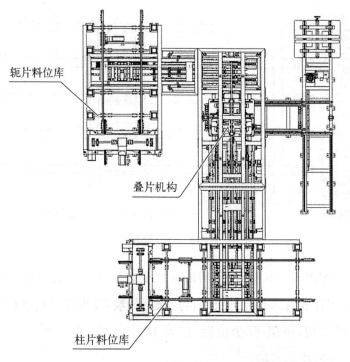

轭片料位库

叠片机构

柱片料位库

图 6-20 料位库系统及叠片机构

本产线中所涉的料位库系统如图 6-21 所示。

料位库分为上下轭料位库和边中柱料位库，两料位库主体结构类似，均由立柱、横梁、三层传输线、上料模块、顶升机构、磁化分层机构及固定式转接机构组成。

料位库中最多可存放 8 级铁心的各级片料。出入料位库及叠片的级间流转时，堆料板会按一定的距离移动(400.05 mm)。

轭片料位库共可容纳 16 块堆料板，柱片料位库共可容纳 24 块堆料板。堆料板入库时，按照由小级向主级的顺序入库。

在料位库的最下层传输线中间位置，设计有顶升机构，用以将堆料板顶起，以便于片料进入磁化分层机构。上料模块安装于磁化分层机构上方，可将进入磁化分层区域的片料逐一抓取并由伺服同步带驱动抓具机构将片料送到传输机构上。

叠片完成后，上料机构抓具上的气缸完全伸出，将磁化分层区域内的片料推出分

(a) 轭片料位库　　　　　　　　　　(b) 柱片料位库

图 6‑21　料位库系统

层区域,以便于后续的级间流转。

6.3.2　工艺流程简述

本产线整合横剪、缓存库、叠片机形成离线缓存式生产模式,所以需要编写一套有针对性的控制程序,保证从横剪到叠装除了可以完成片料的自动化流转外,还能将片料信息跟随堆料板的位置变化和片料数量变化进行更新并记录下来。

1) 生产指令

在总控制系统中调用准备生产的铁心参数,将参数下载到横剪和叠装的 PLC 中。启动产线后,横剪按设定好的剪片顺序进行片料剪切,操作人员主要完成卷料的更换和叠装台的预铺工作。

2) 出料

本产线针对已有 JTS1000 型变压器铁心自动叠片机参数范围内且级数不大于 8 级的铁心按分级剪片的方式进行片料流转设计,所以横剪需要按约定顺序进行剪片。

横剪设备必须上下层同时出料,按级号从大到小顺序剪片(片宽由窄到宽),级内剪片顺序如图 6‑13 所示。出片时,第 1 组上层轭片、下层片边,第 2 组上层无片、下层中柱片,第 3 组上层轭片、下层边片(因篇幅因素,详细的剪片清单略去)。

3）片料流转与缓存

本产线接料平台处采取堆料板位置递进的方式进行流转,当第 4 组堆料板开始接料时,第 1 组堆料板流转至转接机构上。此时,转接机构自动将第 1 组堆料板按先下层后上层的顺序依次接出,并通过中间转接机构将轭片送入轭片缓存库,柱片送入柱片缓存库。

轭片缓存库最多可以容纳 2 个批次每批次 4 台不超过 8 级的上下轭片料,共 44 个缓存料位。柱片缓存库则需要 66 个缓存料位。

4）料位库及其循环

轭片料位库和柱片料位库最多均可以容纳除主级外的其余 7 级 4 台套的片料和 1 台套的主级片料。由此,在叠装过程中,料位将按级号从 8→7→6→…→2→1→2→…→6→7→8 的顺序在料位库中依次流转。主级的堆料板在完成一台叠装后,流转至入口位置时,空堆料板将被接出。转接机构将下一台铁心的主级片料分别从缓存库中取出并送入料位库。

当一个批次 4 台套的片料叠制完后,空堆料板依次从料位库入口位置接出返回缓存库。空堆料板返回缓存库后,转接机构将下一个批次的片料传输到料位库。返回缓存库的空堆料板,可以传输至接料平台,进行后续剪片的接料。

5）叠装

叠装过程同前文相同内容,本节略去。

6）退料

叠装时,除最后半台叠装时会将堆料板上的片料用完之外,其余某一级叠装完成后都要进行退料,也就是将剩余片料从磁化分层区域中推出。

退料过程依据真空感应开关和气缸的磁性开关作为一系列动作的判断依据。叠装完成后,抓料气缸伸出同时真空发生的压缩空气打开,当真空感应开关输出信号后,堆料板开始下降。堆料板下降过程中,抓料气缸同步伸出,直至气缸的最下位磁性位置开关输出信号,关闭真空压缩空气后,抓料气缸上升回到最上位。至此,退料动作完成。

7）错料干预

叠装过程中,视觉识别系统发现片料错误时,叠装会暂停运行。操作人员需要将错误片料取出,并将正确片料放入相应位置。视觉系统判断片料正确后,操作人员可以恢复叠装运行。

8) 节拍与产能

本产线叠装节拍同前文介绍的叠片机,包括叠上下轭、边中柱各一片,用时 5 s 左右,叠装速度 3 600 片/h 左右。

综合计入叠装时料位库中的堆料板级间流转用时和叠装完成后空堆料板返回缓存库用时,本产线理想的生产状态下,可在 12 h 内完成 4 台铁心的叠装。

6.4　在线剪叠产线

海安上海交通大学智能装备研究院在近年来的项目实施过程中,接触到多种在线剪叠需求,现总结并分享如下。

6.4.1　直接缝铁心在线剪叠系统

图 6‑22 所示为直接缝铁心在线剪叠系统,适用于设计参数范围内 11 种铁心的生产。

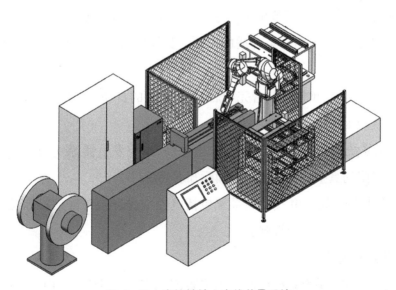

图 6‑22　直接缝铁心在线剪叠系统

1) 系统构成简介

直接缝铁心在线剪叠系统为"山"字形直接缝铁心在线剪叠系统,针对设计参数范围内直接缝铁心的"山"字形叠装研发。

系统由直切横剪、片料传输机构、机器人抓取系统、叠装台系统、气动系统和电气控制系统几部分组成。

(1)横剪系统。横剪系统的机械部分为常规的直接缝横剪,具体参数要求由用户与设备供应商直接沟通确定。该设备需要满足在线剪叠及与后道机构对接的需求。

(2)片料传输机构。直切横剪按剪片顺序及数量要求进行片料剪切后,片料传输机构对 2 片片料进行位置整理,并将 2 片片料一同传输至抓取位置等待。上一组 2 片片料传输到位后,进行下一组 2 片片料的剪切。抓取位置的一组片料被抓起后,传输机构将剪切区的一组片料传输至指定位置。

(3)机器人抓取系统。机器人抓取系统采用通用六轴工业机器人,配备专用抓具机构,实现对片料的抓取与叠放。抓具中的吸附元件采用适应片料长度变化的分别伸缩控制方式,若无法自动控制伸缩时,由人工手动进行调节。

(4)叠装台系统。叠装台系统对片料采用"三点定位法",即:定位孔一点及片宽挡柱两点。将片料的定位孔穿入有精度要求的定位柱,并于铁心"山"字形各边两侧设置挡柱。考虑叠积高度的因素,叠装过程中采用叠装台升降。

定位柱与挡柱位置的调节由人工手动完成。刚开始叠放的两层由人工进行叠放,并手动调节定位柱与挡柱至合适的位置。具体要求由用户根据原材料精度及叠片工艺需要制定。

人工试叠并调整、预铺叠装台完毕后,进入产线的自动剪叠模式。由机器人完成铁心剩余的叠积工作。

(5)气动系统。气动系统包含吸盘、电磁阀、真空发生器等气动元件,用于产生对片料进行吸附的真空。元件均选用国际知名品牌。

(6)电气控制系统。电气控制系统包括电控柜、操作台、传感器等元件,选用全球知名品牌,可靠性高、稳定性强。

2)工艺过程简述

直接缝铁心在线剪叠系统应用于电抗器、直接缝变压器铁心"山"字形生产,现场如图 6-23 所示,为安徽某新能源科技公司生产车间。六轴工业机器人将剪切后传输到位的片料吸附并利用自身柔性进行高速叠装。

(1)配方输入与选择。操作人员在如图 6-24 所示的操作系统配方界面中,输入所需剪叠铁心的相关参数并保存,生产时直接进行调用。

当剪叠铁心参数存在于配方界面中时,操作人员直接选择并核对数据正确后,读

图 6-23 直接缝铁心在线剪叠现场

图 6-24 型号选择界面

取进入运行界面并将当前配方代号传输给机器人控制系统。

（2）预剪叠。"山"字形铁心初始两层采用人工叠放的方式，以便于操作人员完成传输机构及叠装台上片料定位柱的手动调整。

当横剪剪下第一片片料后，操作人员用该片料对落料区片料挡柱进行手动调整。

调整的相应标准由用户制定。调整完成落料区挡柱位置后,操作人员操作横剪进行初始两层的连续剪切。

操作人员将初始两层的片料叠放至完成预铺的叠装台上,并对叠装台上的定位柱及挡柱位置进行调整。调整的相应标准由用户制定。

预剪叠的用时会因操作人员的熟练程度不同而有所变化,所以不计入叠装节拍的计算。为提高效率,在批量剪叠时,操作人员可备一些片料用于提前完成预剪叠工作。

(3) 自动剪叠。操作人员完成相应机构的手动调整后,设备可以进入自动剪叠模式。

横剪完成片料的剪切,传输机构将片料传输到指定位置,工业机器人系统完成片料的抓取与叠装。叠装过程中,叠装台按设定参数逐渐降低,以保证叠放高度一致,直至完成直接缝铁心的"山"字形叠装。

完成直接缝铁心的"山"字形叠装后,叠装台上升至最高位置将定位柱及挡柱脱离铁心区域,以便于后道工序进行。

(4) 整理。叠制完成的铁心需要经过人工的整理方能装夹打包。片料外形、定位孔的精度都是影响叠积效果的直接因素,由用户根据铁心精度要求确定。

(5) 节拍。经机器人软件模拟,从片料抓取至叠放到位用时 5 s。在实际使用过程中,用户需要根据运行情况设定合理的速度参数。

在用户现场每班 12 h 进行连续生产,每班可以生产 10 只铁心,大大提升了用户的产能并减少了用工成本。

6.4.2 斜接缝铁心在线剪叠系统

如图 6 - 25 所示,斜接缝铁心在线剪叠系统针对电力变压器铁心叠装设计,可实现设计参数范围内铁心的在线剪叠生产。

1) 系统构成简介

本系统为"日"字形或"EI"形斜接缝铁心在线剪叠系统,针对设计参数范围内电力变压器所用斜接缝铁心的叠装研发。

本系统由横剪、片料传输机构、接料平台系统、机器人抓取系统、叠装台系统、气动系统和电气控制系统等组成。

(1) 横剪。本系统中所配置的横剪,如图 6 - 26 所示,需要根据叠制铁心的尺寸

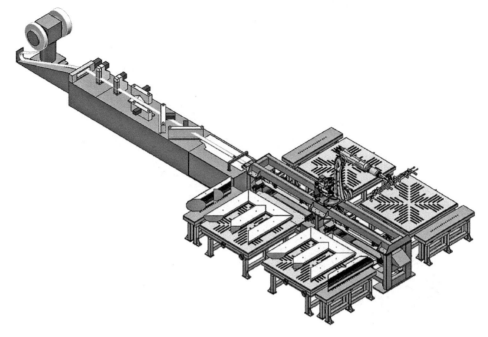

图 6 - 25　斜接缝铁心在线剪叠系统

进行选择，可以有多种冲切工位组合形式，如三冲孔单 V 冲双减刀、双冲孔单 V 冲双剪刀、双冲孔单 V 冲摆剪，采用全序列剪片工艺。

图 6 - 26　三冲单 V 两剪工位

横剪所剪片料上均需要带有 2 个工艺孔，用以进行片料定位，一个孔为圆孔，另一个孔为长圆孔。通常情况下，本系统选择整步进循环剪叠工艺，即：5 级接缝横向步进叠装采用 2 片一叠工艺，7 级接缝纵向步进叠装采用 7 片一叠工艺。

本系统采用 2 台铁心一组交替剪叠工艺，剪片顺序及数量为 2 组"轭片＋轭片"、2 组"边片＋边片"、2 组"中柱片"。

（2）片料传输机构。本系统片料传输采用倒吸附式、两片一组直线式前后出料方式，片料传输机构如图 6 - 27 所示，由伺服电机驱动输送带并根据片料顺序及传感器信号对片料进行定位。当片料传输到位后,磁吸附机构上提,片料则落至接料平台上。

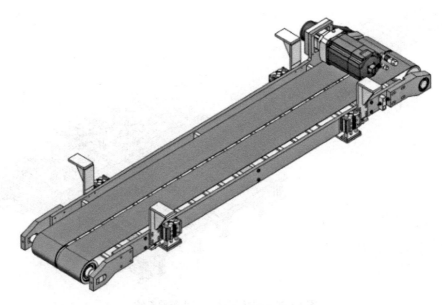

图 6-27 片料传输机构

（3）接料平台系统。接料平台系统如图 6-28 所示,由上下两层接料机构组成,采用交替接出料方式。单层接料平台上设计有两支定位针,片料传输机构对片料进行定位时,是以片料上的定位孔对准接料平台定位针的位置为准。

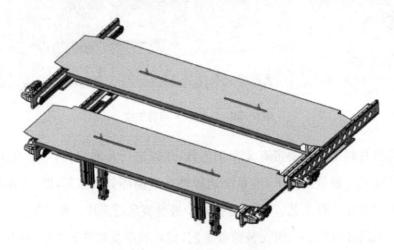

图 6-28 接料平台系统

当某一层接料平台完成接料数量后,从接料位置移动至出料位置,另一空接料平台从出料位置移动至接料位置进行后续接料。由此,可以实现片料剪切与叠装的连续。

（4）机器人抓取系统。机器人抓取系统如图 6‑29 所示,选用合适臂展的通用六轴工业机器人,配备专用可变形抓具机构,实现对多片料或整步进循环片料进行抓取。抓具的吸附机构采用可适应片料长度及形状变化的设计。

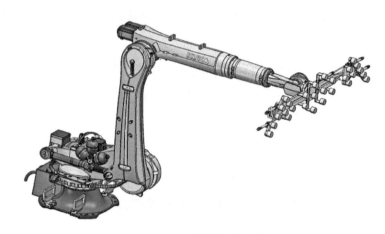

图 6‑29　机器人抓取系统

通常情况下,对于单张片料进行抓取采用真空吸附方式,对于多张片料进行抓取采用磁铁吸附方式。磁铁可以有永磁铁和电磁铁两种方式。

（5）叠装台系统。叠装台系统如图 6‑30 所示,采用对片料进行双针定位法,双针分别对应片料上的一个圆孔和一个长圆孔。定位针两只为一组,其距离需要能够在某一范围内进行连续调节,对称的两组定位针也需要在一定范围内进行调节。

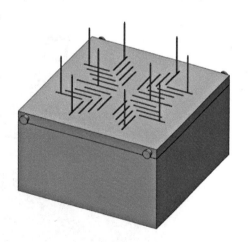

图 6‑30　叠装台系统

叠装台与底座之间设计有定位销机构,用于叠装台的重复定位基准。此外,叠装台有整体起吊向后道工序流转的方式,也可以设计在滚筒输送线上,由动力滚筒线进行流转。

（6）气动系统。气动系统包含电磁阀、气缸等气动元件,用于实现进料辊压紧、片料推齐、片料上下分层、落料机构升降及抓具机构形状变化等动作。元件均选用国际知名品牌。

（7）电气控制系统。电气控制系统包括电控柜、操作台、传感器等元件,选用全球知名品牌,可靠性高、稳定性强。

2) 工艺过程简述

(1) 上卷。该系统中的横剪上卷工序与普通横剪相同,根据放卷机构头数进行挂卷。若需要每头上挂多个料卷时,放卷机构需要设计横向移动机构。

(2) 剪切。在线剪叠产线剪片顺序必须按柱形截面所示,从最小片宽级至主级再至最小片宽级。

调取剪切参数后,横剪通道自动调节至最小片宽。卷料进入通道后,根据剪切基准不同,对应有不同的剪切动作。启动剪切后,横剪将按设定的顺序进行剪片。片形组合与顺序按上一章节所述进行。

(3) 接料。片料剪切完成后,在出料皮带输送线上方会有两个接近开关对片料进行感应并反馈信号,用于计数并控制倒吸式皮带传输线启停。

奇数片将传输至远端接料平台上方,偶数片将传输至近端接料平台上方。接料平台完成接料后,将向叠装侧出料。

(4) 叠装。如图 6-31 所示,该系统在机器人系统两侧分别设置有两个叠装台,共四个叠装台。机器人系统按同一侧两叠装台同时叠装的方式交替进行。出料到位后,机器人系统抓取整步进循环片料,并叠放至叠装台上对应的位置。

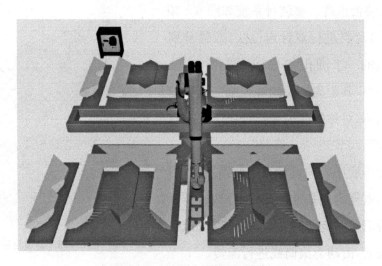

图 6-31 机器人叠铁心示意图

系统中可选择"日"字形或"EI"形两种叠装模式。当选择"日"字形叠装时,要求轭片与边片进行特定的长度设计,以满足"日"字形叠装的接缝需要。选择"EI"型叠装时,机器人系统将在叠装台上叠"E"字形,在叠装台一侧的轭柱台上叠上轭柱。

（5）节拍与产能。根据机器人的腕关节运动范围，可以模拟出每一个取叠动作循环所需要的时间，但该"取叠时间"还不能称之为机器人的叠装节拍。

"取叠时间"加上气动元件动作时间、电气信号触发与反馈时间等等必要的其他附加时间，才可以得到大致准确的叠装节拍。KUKA 公司的机器人动作模拟软件界面如图 6-32 所示。

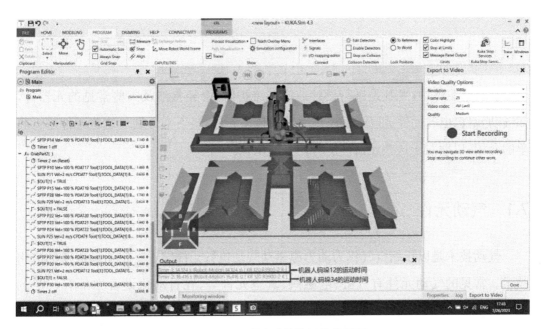

图 6-32　机器人动作模拟软件界面

确定了大致准确的叠装节拍后，我们就可以根据铁心的层数换算成"7 片一叠"的整步进循环数，进一步就可以得出完成该铁心所需要的时间。根据这个时间，就可以推算出斜接缝铁心在线剪叠系统大致的产能。

第 *7* 章

常见元器件介绍

在日常工作中,尤其是进行设计或设备维护时,会经常涉及一些常见的元器件,如气动元件、电气元件、液压元件、传感器及传动元件,接下来分别对这些元件进行简单的介绍,以期对于这些元器件能有初步的认识。

7.1 气动元件

气动技术是以压缩空气作为动力源驱动气动执行元件完成一定运动规律的应用技术。常见的气动元件有气缸、电磁阀、真空元件等,在自动化设备中都有广泛的应用。

7.1.1 常用品牌

常用的气动元件品牌有 FESTO、PARKER、SMC、CKD 和 Air TAC 等,如图 7 - 1 所示。

图 7 - 1 常用气动元件品牌

7.1.2 压力

气动系统中气压的国际标准单位是 Pa(帕斯卡)。一般情况下,气动系统的压力值较大,基本都用 MPa(兆帕)或 bar(巴)来计量。此外,还在一些特殊需要时,采用 kgf/cm^2(千克力每平方厘米)进行计算。

各单位之间的换算关系如下：

$$1\,Pa=1\,N/m^2；1\,MPa=10^6\,Pa；1\,bar=10^5\,Pa=0.1\,MPa；$$

以标准大气压值为参考 0 点，大于标准大气压的压力为正压力，小于标准大气压的压力为负压力。负压力也称真空。

气动系统一般由动力元件、执行元件、控制元件和辅助元件组成，其构成如图 7-2 所示。

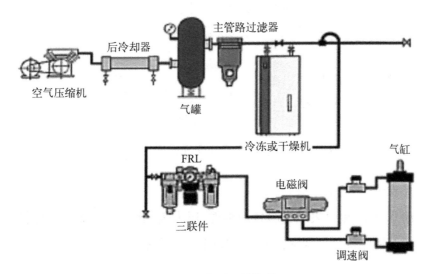

图 7-2　气动系统构成

动力元件是指将原动机输入的机械能转换成空气的压力能，为气动系统提供动力。图中的空气压缩机就是所示气动系统的动力元件。

执行元件是将气体的压力能转换成机械能，输出力和速度或转矩和转速，以带动负载进行直线或旋转运动的元件，通常有气缸或气动马达等。

控制元件是控制调节压缩空气的压力、流量、气流方向以及执行元件的工作程序的元件，通常有调压阀、节流阀、电磁换向阀等。

辅助元件是保证系统正常工作所需要的辅助装置，包括气管、接头、储气罐、过滤器等。

7.1.3　符号

在气动原理图中，所有气动元件均使用图形符号来进行表示，主要有基本符号、气源处理及辅件符号、控制元件符号和执行元件符号。

1) 基本符号

在气动系统中,用以表示各元件连接的管路、接头的符号称为基本符号。这类符号是气动原理图的基本组成部分,常见基本符号如图7-3所示。

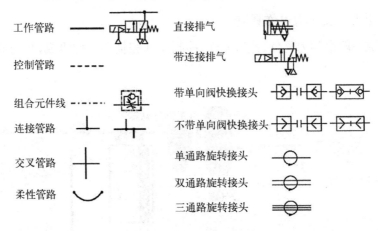

图7-3 常见基本符号

2) 气源处理及辅件符号

在气动系统中,用以表示气源处理组件、压力表、储气罐等辅助元件符的符号称为气源处理及辅件符号。常见相关符号如图7-4所示。

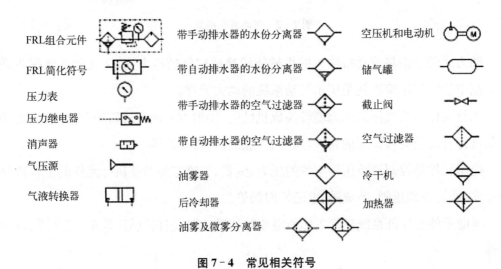

图7-4 常见相关符号

3) 控制元件符号

在气动系统中,用以表示单向阀、排气阀、电磁换向阀等控制元件的符号,称为控制元件符号。常用控制元件符号如图7-5所示。

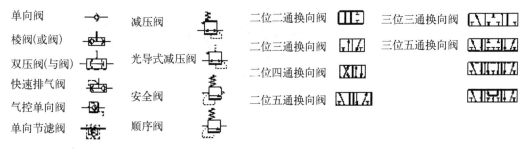

图 7-5　常用控制元件符号

4）执行元件符号

在气动系统中,用以表示气缸或气动马达等执行元件的符号,称为执行元件符号。常用执行元件符号如图 7-6 所示。

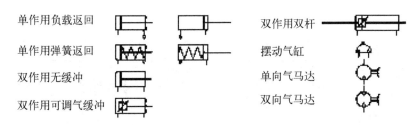

图 7-6　常用执行元件符号

5）控制机构及控制方法符号

在气动系统中,用以表示人力控制、电磁换向控制等控制机构与方法的符号,称为控制机构及控制方法符号。常见控制机构及控制方法符号如图 7-7 所示。

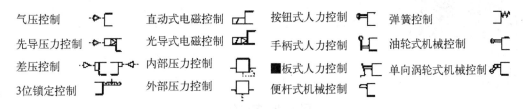

图 7-7　常见控制机构及控制方法符号

7.1.4　执行元件(气缸)

1）分类

气缸是气动系统中的主要执行元件之一,从动作上分为单作用和双作用缸。气缸结构如图 7-8 所示。

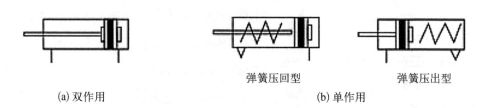

(a) 双作用   弹簧压回型   弹簧压出型   (b) 单作用

图 7 - 8 气缸结构

单作用缸是一端由空气作用,另一端由弹簧作用的气缸,分为弹簧压回和压出两种,多应用于行程短、对出力和运动速度要求不高的场合。

双作用缸是指活塞的两侧均由压缩空气作用,相对来讲其应用范围更广。

气缸按功能分类,可分为:标准气缸、复合型气缸、特殊气缸、摆动气缸、附属相关元件等,如图 7 - 9 所示。

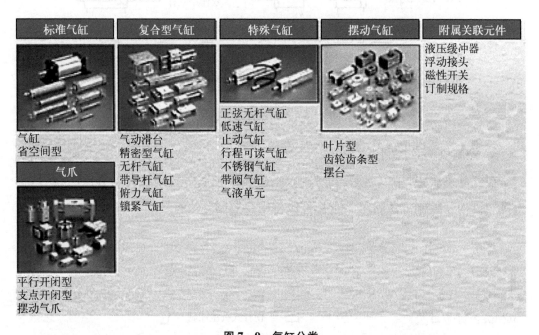

图 7 - 9 气缸分类

比较常用的是标准气缸、薄型气缸、双杆气缸、无杆气缸、旋转气缸、滑台气缸等,如图 7 - 10 所示。

2) 选型步骤

详细的选型及计算过程,结合具体品牌供应商提供的相关资料进行讲解。

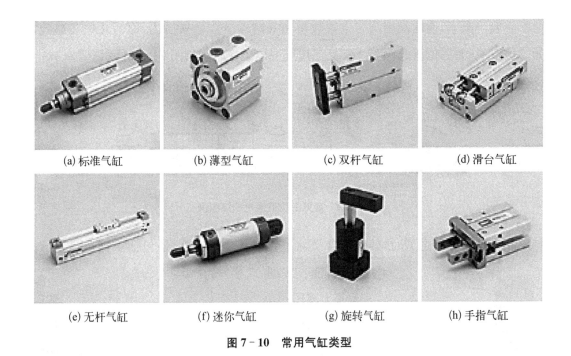

| (a) 标准气缸 | (b) 薄型气缸 | (c) 双杆气缸 | (d) 滑台气缸 |
| (e) 无杆气缸 | (f) 迷你气缸 | (g) 旋转气缸 | (h) 手指气缸 |

图 7 - 10　常用气缸类型

7.1.5　控制元件

气动控制元件是指在气动系统中起控制气流的流量、方向、压力的元件,分别是节流阀、换向阀、减压阀。

1) 节流阀

如图 7 - 11 所示,节流阀是通过改变压缩空气在管道中的局部阻力,从而达到改变流量的元件。日常使用中涉及较多的是安装于气缸进气口用以调节活塞杆升出和缩回速度的节流阀。这种节流阀又分进气节流和排气节流两种。顾名思义,所谓进气节流阀是指在气缸进气过程中改变流量的节流阀,排气节流阀则是在气缸排气过程中改变流量的节流阀。

图 7 - 11　节流阀

2) 换向阀

换向阀是通过改变阀芯位置,从而改变压缩空气流动方向的元件,按控制方式可分为气控阀、电磁阀、机控阀和手动阀;按阀的气路端口数量可分为二通阀、三通阀、四通阀和五通阀;按阀芯位置数量可分为二位阀和三位阀;按控制信号数量可分为单控阀和双控阀。

一般情况下,换向阀用阀芯位置数量和气路端口数量来描述,称为几位几通阀,如二位三通阀、三位五通阀等。常见三位五通电磁换向阀如图 7-12 所示。

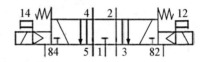

图 7-12 常见三位五通电磁换向阀

在进行换向阀选型时,其代号含义除了包括几位几通外,还包括单控还是双控、中位机能、出线形式等。

3)减压阀

减压阀是将输入压力降到气动元件工作压力且保持压力恒定的元件,有直动式和先导式两种。常见的减压阀如图 7-13 所示。日常涉及的减压阀多数与气源处理联件组合使用,作为整个气动系统接入气源的第 1 个元件。

图 7-13 减压阀

7.1.6 真空元件

1)真空发生器

真空发生器是利用射流原理产生负压的元件,具有高效、清洁、经济等优点,广泛应用于机械、电子、包装、印刷等行业的自动化设备中。常见真空发生器如图 7-14 所示。

在海安上海交通大学智能装备研究院自主研发的叠装设备上,抓具机构采用真空负压对片料进行吸附抓取。这里需要的真空正是由真空发生器产生的。

图 7-14 常见真空发生器

2)真空吸盘

如图 7-15 所示,真空吸盘由支架和吸盘组成,连接在真空发生器的真空口,用于对各种物料进行吸附。

图 7 - 15　真空吸盘

真空吸盘已基本采用模块化设计,形成产品的系列化。吸盘有多种不同的形状、材质和规格,还有多种支架、角度和高度可供选择。

气动系统作为非标自动化设备的核心组成部分,其可靠性和稳定性需要得到充分保证。所以,在进行相关元件选型时,需要注意使用环境并且对压缩空气及元件的装配提出相关要求。

7.1.7　选型注意事项

(1) 在有腐蚀性气体、化学药品等场所使用时,气动元件需要根据特定的环境选择特殊的材质。

(2) 在进行支架和吸盘选型时,需要结合供气管路方向确定支架。

(3) 高速运动的气缸需要选择带有缓冲功能。

(4) 电磁阀选型时,需要与电气工程师确认接线形式及电压。

7.1.8　对压缩空气的要求

(1) 压缩空气进入气动系统管路前必须经过干燥及必要的过滤。

(2) 压缩空气的气压必须保证不低于 0.5 MPa。

(3) 压缩空气中不能含有油雾气等易燃气体。

7.1.9　安装注意事项

(1) 当气动元件安装时,不可夹持其摩擦或导向面。

(2) 当气动元件安装时,不可使用元件自身刚性作为锁紧力矩。

(3) 当气动元件安装时,不得存在扭曲现象。

7.2 电气元件

电气元件种类众多,在自动化设备中非常常见。本节主要介绍电机相关的内容,不管是伺服电机还是三相异步电机,都是为运动机构提供扭矩的部件。

7.2.1 伺服电机

伺服电机是指在伺服系统中控制机械元件运转的发动机,可使控制速度,位置精度非常准确,可以将电压信号转化为转矩和转速以驱动控制对象,所以,在自动化设备中得到广泛应用。

在铁心自动叠装设备中,叠装抓具往复运动由伺服电机驱动滚珠丝杆正反转实现。上料抓具机构的往复运动由伺服电机驱动同步带轮正反转实现。叠装平台的升降运动由伺服电机驱动升降机实现。

1)常用品牌

常用伺服电机进口品牌有西门子、施耐德、松下、安川、三菱等;国产品牌有埃斯顿、信捷等,如图 7-16 所示。

图 7-16 常用伺服电机出口品牌

伺服电机是一种补助马达间接变速装置。伺服电机及驱动器如图 7-17 所示。

图 7-17 伺服电机及驱动器

2) 伺服电机优点

（1）精度高：位置，速度和力矩的闭环控制，克服步进电机失步的问题。

（2）转速高：额定转速一般为 2 000～3 000 r/min，且高速性能好。

（3）适应性强：抗过载能力强，能承受 3 倍于额定转矩的负载，对有瞬间负载波动和要求快速起动的场合特别适用。

（4）稳定性高：低速运行平稳，不会产生类似于步进电机的步进运行现象，适用于有高速响应要求的场合。

（5）及时性高：电机加减速的动态响应时间短，一般在几十毫秒之内。

（6）舒适性高：发热和噪声较其他电机明显降低。

7.2.2　三相异步电机

三相异步电机是常用的电机种类之一，应用也比较广泛。在自动叠装设备中，叠装平台的左右移动和进出叠装区的移动，以及传输带的转动均是由三相异步电机驱动的。

三相异步电机的主要系列为 Y(IP44)系列、YEJ 系列、YZR 系列。它们分别有各自的特点和应用场合。各型电机示例如图 7 - 18 所示。

(a) Y(IP44)系列　　　　(b) YEJ系列　　　　(c) YZR系列

图 7 - 18　各型电机示例

Y(IP44)系列电机作一般用途的驱动源，即用于驱动对起动性能、调速性能及转差率无特殊要求的机器和设备。因其防护等级较高，Y(IP44)系列电机可应用于灰尘较多、水土飞溅的场所。

YEJ 系列电机全称 YEJ 系列电磁三相异步制动电机，是全封闭、自扇冷、鼠笼型附加直流电磁铁制动器的三相异步电动机。其适用于各类要求快速制动、准确定位、往复运转、频繁起动、制动的各种传动机构。

YZR 系列起重电机，是用于大型设备起吊的电机，其适用于驱动各种起重机械及冶金辅助设备,具有较高的过载能力和机械强度,特别适用于短时或断续运转,频繁起动、制动及有显著振动及有冲击的设备。

电机安装方式很多,主要分卧式和立式,如图 7-19 所示。底脚与凸缘的组合种类最常用的有 B3、B5、B35 三种形式。

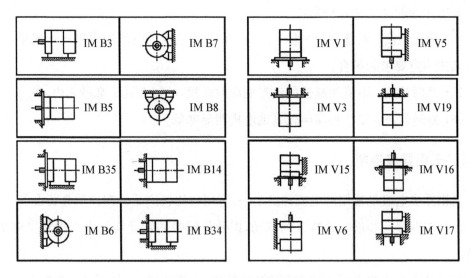

图 7-19　电机安装方式

(1) B3:有底座,无直连安装法兰盘。

(2) B5:无底座,有直连安装法兰盘。

(3) B35:有底座,有直连安装法兰盘。

设计中需要选对应的底脚和凸缘组合,以及正确的安装方式,同时还需要考虑到电机接线盒的位置和方向,以便于安装及接线。

若需要了解关于电机机座号、转速及功率等内容,可查阅《机械设计手册(电子版)》中《常用电动机》部分,也可以要求电机的供应商提供详细尺寸图及相关参数。

在设计三相异步电机传动时,采用变频器控制的方式也可以实现电机小范围的变速控制。电机转速与频率关系如下:

$$n = \frac{60f}{p} \tag{7-1}$$

式中,n 为电机的转速,r/min;f 为电源频率,Hz;p 为电机旋转磁场的极对数,为电机级数的一半。

根据式(7-1)可知,电机转速 n 与电源频率 f 成正比。当减小电源频率 f 时,电机转速 n 随之减小;反之,则增加。由此可以通过对电机输入电源的频率进行调节,从而达到调节电机转速的目的。这在非标自动化设计中也是比较普遍的三相异步电机调速方式。

通过上述方式对三相异步电机进行调速之后,还需要确认电机的输出扭矩是否能达到使用要求。电机功率、转速与扭矩之间的关系如下:

$$T = 9\,550\,\frac{P}{n} \tag{7-2}$$

式中,T 为电机输出扭矩,N·m;P 为电机输出功率,kW;n 为电机转速,r/min。根据式(7-2)可知,电机的输出扭矩与转速成反比。当电机转速降低时,其输出扭矩增大;反之,则减小。所以,当需要调节三相异步电机转速时,要先确认调速后电机的输出扭矩是否满足要求。通常有两种情况:

(1)当电机转速降低时,其输出扭矩增大,用于传递扭矩的相关连接件是否过载,如联轴器。

(2)当电机转速提高时,其输出扭矩减小,是否仍然能驱动运动部件移动。

7.3 液压元件

液压系统也是设备上常用的动力系统,如中小型变压器铁心的翻转台大部分都选用液压系统作为动力。液压系统一般由动力元件、执行元件和控制元件组成。

7.3.1 液压系统

液压系统是以油液作为工作介质,利用油液的压力能并通过控制阀门等附件操纵液压执行机构工作的整套装置,其基本组成如图7-20所示。

7.3.2 元件品牌

世界知名的从事液压元件生产的品牌有 Parker、Rexroth、STAUFF 等,如图7-21所示。

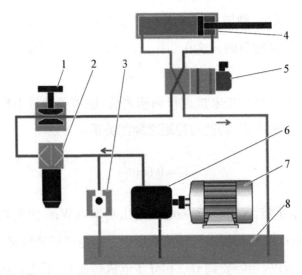

图 7 - 20　液压系统基本构成

1—节流阀；2—过滤器；3—溢流阀；4—液压缸；5—电磁换向阀；
6—油泵；7—电机；8—油箱

(a) Parker|派克　　(b) Rexroth|力士乐　　(c) TAUFF|西德福　　(d) HAWE|哈威

(e) ATOS|阿托斯　　(f) Vickers|威格士　　(g) MOOG|穆格　　(h) SUN|太阳

图 7 - 21　液压品牌

7.3.3　动力元件

动力元件是指把原动机的机械能转变成液压油的压力能的元件，主要是指各种的液压泵。

1）泵的分类

液压泵按其结构分类，分为齿轮泵、叶片泵和柱塞泵，分别如图 7 - 22 所示。

液压泵按排量是否可调，分为定量泵和变量泵；按排油方向分为单向泵和双向泵；按压力级别分为低压、中压、中高压和超高压泵。

(a) 外啮合齿轮泵　　　　　(b) 叶片泵　　　　　(c) 柱塞泵

图 7-22　液压泵

2）相关符号

在液压原理图中,液压泵需要用相应的符号进行表达,相关符号如图 7-23 所示。

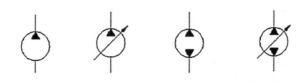

(a) 单向定量泵　(b) 单向变量泵　(c) 双向定量泵　(d) 双向变量泵

图 7-23　液压泵符号

3）排量

液压泵每转一圈,由密封容腔几何尺寸变化而排出或吸入的液体的体积简称排量,单位为 L/r。

当设计液压系统时,已知初选液压泵的输出压力 P 和排量 Q,相应所需的输入功率 N 的计算公式如下:

$$N = \frac{P \cdot Q}{60} \tag{7-3}$$

式中,P 为液压泵输出压力,MPa;Q 为液压泵排量,L/min;N 为输入功率,kW。根据式(7-3)即可计算出,在一定输出压力和排量条件下,驱动液压泵的电机功率大小。综合考虑液压泵的效率,将计算值放大 1.05~1.25 倍得到理论参考值,作为选择对应电机型号的依据。

7.3.4　执行元件

执行元件主要是指将液压油的压力能转化为机械能,以力或力矩和速度的形式输出以驱动负载的元件,通常包括液压缸和液压马达,如图 7-24 所示。

(a) 液压缸

(b) 液压马达

图 7 - 24　液压缸与液压马达

1) 液压缸

液压缸是将液压能转变为机械能的、做直线往复运动(或摆动运动)的液压执行元件。液压缸结构如图 7 - 25 所示。

缓冲柱塞

图 7 - 25　液压缸结构图

1—缸底;2—弹簧挡圈;3—套环;4—卡环;5—活塞;6—O 形密封圈;7—支承环;8—挡圈;9—YX 密封圈;10—缸体;11—管接头;12—导向套;13—缸盖;14—防尘圈;15—活塞杆;16—定位螺钉;17—耳环

液压缸的结构形式多种多样,其分类方法也有多种:按运动方式可分为直线往复运动式和回转摆动式;按受液压力作用情况可分为单作用式、双作用式;按结构形式可分为活塞式、柱塞式、多级伸缩套筒式,齿轮齿条式等;按安装形式可分为拉杆、耳环、底脚、铰轴等。

常用液压缸图形符号如图 7 - 26 所示。

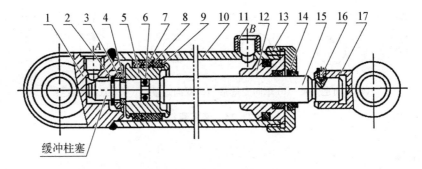

名称		符号	名称		符号
单作用缸	单活塞杆缸		双作用缸	单活塞杆缸	
	单活塞杆缸(带弹簧复位)			双活塞杆缸	

图 7 - 26　常用液压缸图形符号

2) 液压马达

液压马达是液压系统中将液压泵提供的液体压力能转变为其输出轴的机械能（转矩和转速）一种执行元件。ZM 型轴向液压马达结构如图 7 - 27 所示。

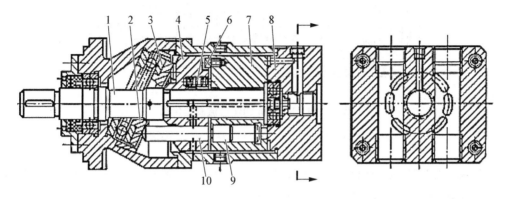

图 7 - 27　ZM 型轴向液压马达结构

1—输出轴；2—斜盘；3—轴承；4—鼓轮（套）；5—弹簧；6—拨销；7—缸体；8—右端盖；9—柱塞；10—推杆

液压马达按其结构类型来分，可以分为齿轮式、叶片式、柱塞式和其他形式；按液压马达的额定转速分为高速和低速两大类。液压马达符号如图 7 - 28 所示。

名称	符号	名称	符号
单向定量液压马达		单向变量液压马达	
双向定量液压马达		双向变量液压马达	

图 7 - 28　液压马达符号

7.3.5　控制元件

液压系统中的控制元件，是指控制系统中油液压力、流量和流动方向的元件，通常包括溢流阀、节流阀和换向阀。

1) 溢流阀

溢流阀是一种液压压力控制阀，在液压设备中主要起定压溢流、稳压、系统卸荷和安全保护作用。Rexroth DBT 溢流阀结构如图 7 - 29 所示。

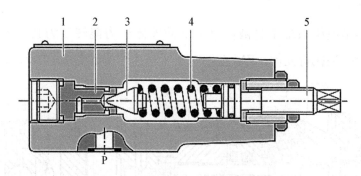

图 7‑29　Rexroth DBT 溢流阀结构图

1—壳体;2—阀座;3—阀芯;4—弹簧;5—调节螺杆

Rexroth DBT 型溢流阀主要由壳体、阀芯和相应的阀座组成,通过调节螺杆手动调节。在空载位置中,阀芯将压力施加于阀座,从而锁定 P 和 T 油口之间的连接。如果液压力等于在调节元件上设定的力,则阀控制调定压力。当提升阀芯使其离开阀座时,过量的工作液将从 P 口流出到 T 口。如果弹簧完全无负载状态,则达到最小压力 3 bar(弹簧预加压力)。常用溢流阀图形符号如图 7‑30 所示。

名称	符号	名称	符号
溢流阀		直动式比例溢流阀	
先导型溢流阀		先导比例溢流阀	
先导型电磁溢流阀		卸荷溢流阀	

图 7‑30　常用溢流阀图形符号

2) 节流阀

节流阀是通过改变节流截面或节流长度以控制流体流量的阀门。Rexroth Z1FG 节流阀结构如图 7‑31 所示。

Rexroth Z1FG 节流阀是叠加阀板设计,用于限制通道 P 中的流量。节流时,液压油通过通道 P1 越过在控制阀口和节流阀芯之间形成的节流点流到油口 P2。节流

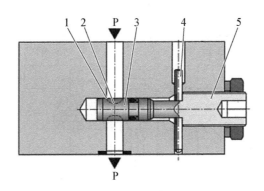

图 7-31　Rexroth Z1FG 节流阀结构图

1—控制阀口；2—节流点；3—阀芯；4—销；5—主轴

阀芯可通过轴向主轴进行轴向调节，从而可调节越过节流点的流量。调节行程可通过两侧的销加以限制。常见节流阀图形符号如图 7-32 所示。

名称	符号	名称	符号
可调节流阀	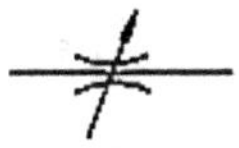 ✳	双单向节流阀	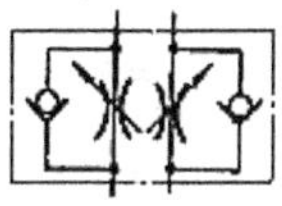 ⬚
不可调节流阀	 ⟰	截止阀	 ⟴
单向节流阀	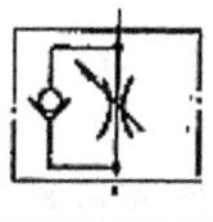 ⬚		

图 7-32　常见节流阀图形符号

3）换向阀

换向阀是具有两种以上流动形式和两个以上油口的方向控制阀，是靠阀芯与阀体的相对运动实现液压油流的沟通、切断和换向以及压力卸载和顺序动作控制的。Rexroth WE6 换向阀结构如图 7-33 所示。

常见换向阀的图表符号如图 7-34 所示。各种不同中位机能的滑阀其阀体的结构基本相同，只是阀芯的结构形式不同。

换向阀都有两个或两个以上的工作位置，其中一个是常态位，即阀芯未受到操纵力时所处的位置。图形符号中的中位是阀的常位。

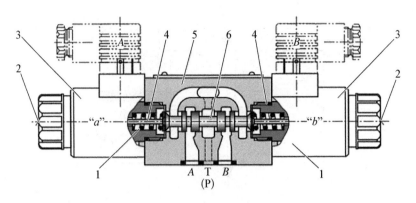

图 7‑33　Rexroth WE6 换向阀结构图

1—复位弹簧；2—手动按钮；3—电磁铁；4—推杆；5—阀体；6—阀芯

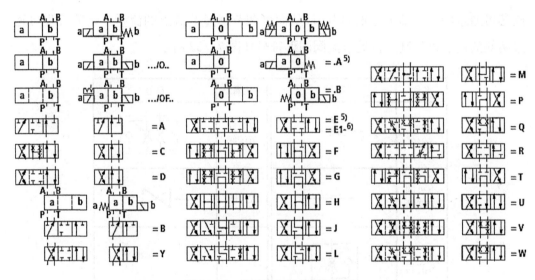

图 7‑34　常见换向阀的图表符号

7.4　传感器

传感器是能感受规定的被测量并按照一定的规律转换成可用信号的器件或装置，通常由敏感元件和转换元件组成，如图 7‑35 所示。

7.4.1　常用品牌

当前在传感器行业内，世界知名品牌

图 7‑35　传感器

有西克、邦纳、德森克、倍加福、欧姆龙等,如图 7-36 所示。

图 7-36　常用传感器品牌

7.4.2　常用种类

工业传感器大体上有接近传感器、光电传感器、视觉传感器和超声波传感器。

1) 接近传感器

接近传感器是无须接触检测对象进行检测的传感器的总称,是代替限位开关等接触式检测的检测方式,如图 7-37 所示。

图 7-37　接近传感器

日常比较常见的接近传感器的作用有如下几点:

(1) 检验距离。检测升降设备的停止、起动等位置;检测运动机构的位置,防止两机构相撞;检测回转体的停止位置;等等。

(2) 尺寸控制。自动选择、鉴别金属工件长度;检测物品的长、宽、高和体积;等等。

(3) 检测物体存在有否。检测生产包装线上有无产品包装箱;检测有无产品零件;等等。

2) 光电传感器

光电传感器是采用光电元件作为检测元件的传感器。它首先把被测量的变化转换成光信号的变化,然后借助光电元件进一步将光信号转换成电信号,可以用于监测烟尘、读取条形码、产品计数、测量转速等,如图 7-38 所示。

图 7-38 光电传感器

图 7-39 视觉传感器

3）视觉传感器

视觉传感器是指利用光学元件和成像装置获取外部环境图像信息的仪器，通常用图像分辨率来描述视觉传感器的性能。视觉传感器的工业应用包括检验、计量、测量、定向、瑕疵检测和分拣，如图 7-39 所示。

4）超声波传感器

超声波传感器是将超声波信号转换成其他能量信号（通常是电信号）的传感器。它具有频率高、波长短、绕射现象小，特别是方向性好、能够成为射线而定向传播等特点，广泛应用在工业、国防、生物医学等方面，如图 7-40 所示。

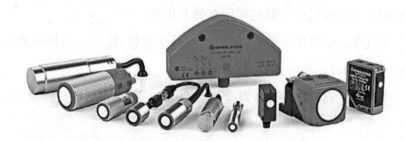

图 7-40 超声波传感器

7.5 传动零部件

在自动化设备中，会涉及一些与传动相关的零部件，如减速机、直线导轨、滚珠丝杆等。

7.5.1　减速机

减速机是用以在原动件和工作机之间的减速传动装置,可以用来匹配转速及进行扭矩传递。普通减速机有斜齿轮减速机、伞齿轮减速机、蜗轮蜗杆减速机。此外,行星减速机也有着广泛的应用。

1) 常用品牌

常用的减速机品牌有 SEW、APEX、利明、纽斯达特、杰牌等等,如图 7 - 41 所示。其中,行星减速机主要以参考 APEX 尺寸为主,其他众多品牌均以其为对标产品。

图 7 - 41　常用减速机品牌

在铁心自动叠装设备中,双叠装平台的整体移动及交替的驱动由蜗轮蜗杆减速机传递扭矩,料位模块中片料抓具机构的往复运动由行星减速机传递扭矩。

各减速机选型方法见供应商提供的样册。

2) 作用与举例

减速机应用的目的主要有以下三点:

(1) 获得大的输出扭矩。

① 上料部装中片料抓具移动的驱动伺服前安装有行星减速机。

② 叠装平台部装中叠装台左右移动的驱动减速电机。

③ 叠装平台部装中叠装台进出叠装区域的驱动减速电机。

(2) 获得精确转速。

① 传输部装中通道宽度调节伺服输出经过减速机到滚珠丝杆。

② 叠装平台部装中叠装台左右移动的驱动减机电机。

③ 叠装平台部装中叠装台进出叠装区域的驱动减速电机。

(3) 动力传递。传输部装中皮带转动的驱动电机经过减速机传动至带轮。

7.5.2 直线导轨

1）简介

直线导轨又称线轨是用来支撑和引导运动的部件,用于直线往复运动场合,且可以承担一定的扭矩,可在高负载的情况下实现高精度的直线运动。

直线导轨副由滑块本体、导轨、端盖、钢球、保持器、黄油嘴等组成,其结构如图 7-42 所示。

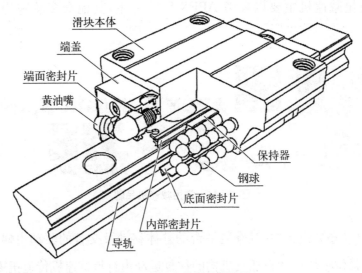

图 7-42　直线导轨副结构

2）主要特点

（1）定位精度高。直线导轨副中滑块的运动借助钢球滚动实现,摩擦阻力小,低速时不易产生爬行,从而有较高的定位及重复定位精度。

（2）磨损小。滚动接触由于摩擦耗能小,滚动面的摩擦损耗也相应减少,故能使滚动直线导轨系统长期处于高精度状态。

（3）高速且节能。由于摩擦阻力小,所需的动力源及动力传递机构小型化,节能效果明显,可实现机床的高速运动,提高机床的工作效率 20%～30%。

（4）承载强。直线导轨副具有较好的承载性能,可以承受不同方向的力和力矩载荷。因此,具有很好的载荷适应性。在设计制造中加以适当的预加载荷可以增加阻尼,以提高抗震性,同时可以消除高频振动现象。

（5）安装方便。直线导轨副安装面加工简单,并且可以整体安装及更换。

3）选型步骤

（1）确定使用条件。设计中要选到合适的直线导轨副，首先必须要确定其使用条件，包括安装空间、安装方式、负载大小、使用寿命、精度要求等。

（2）负荷计算。根据已经确定的使用条件，计算各滑块负荷的大小。

（3）型号选择。根据已经确定的使用条件和各滑块所承受的负荷大小，对照供应商的选型手册选择适用的形式与尺寸。

（4）寿命验算。根据使用寿命计算公式算出选择的直线导轨副的行走距离或使用时间。

4）固定方式

直线导轨副的固定与否直接影响其运行精度和使用寿命，必须遵守一些指定的要求，其固定方式大致有 4 种，如图 7 - 43 所示。

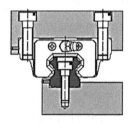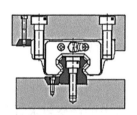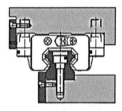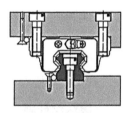

(a) 用紧固螺钉固定　　(b) 用斜楔压块固定　　(c) 用压板固定　　(d) 用定位销固定

图 7 - 43　直线导轨副固定方式

紧固螺钉固定法是采用定位螺钉从滑块及滑轨的侧面施加一个侧向紧固力，使滑块及滑轨可靠的贴合在安装位置。该方式受安装空间限制，使用的螺钉尺寸有一定的局限。

斜楔压块固定法又称推拔固定法，是采用将斜楔块固定于滑块滑轨侧面，利用斜楔锁紧时产生的侧向位移来对滑块及滑轨施加侧向力，从而达到将滑块及滑块可靠固定的目的。

压板固定法是在滑块及滑轨侧面安装压板，且滑块与滑轨凸出安装面，以保证压板锁紧时可以将滑块及滑轨可靠固定。

定位销固定法是用定位销置于滑块及滑轨侧面，并以锥头螺钉抵紧固定的方式实现将滑块及滑轨可靠固定。

7.5.3 滚珠丝杆

1）简介

滚珠丝杠是将回转运动转化为直线运动，或将直线运动转化为回转运动的产品，由丝杆轴、螺帽、钢球、调整片、循环器、密封圈等组成。滚珠丝杆详细结构如图 7-44 所示。

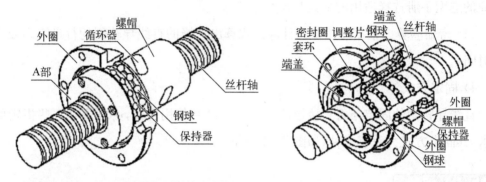

(a) 标准导程螺帽旋转式滚珠丝杆DIR型的结构　　　(b) 大导程螺帽旋转式滚珠丝杆BLR型的结构

图 7-44　滚珠丝杆副结构

2）主要特点

滚珠丝杆副的独特结构以及生产、装配环节的严格要求，保证其在传动性能方面具有如下特点：

（1）传动效率高。螺帽与丝杆之间采用滚珠的滚动进行力与力矩的转化，从而获得了较高的传动效率，机械效率可高达 92%～98%。

（2）定位精度高。螺帽安装时可采用预压装配方式消除轴向间隙，提高定位及重复定位精度。

（3）传动可逆性。滚动摩擦使得传动平稳、无爬行黏滞，可实现将旋转运动转化为直线运动或将直线运动转化为旋转运动。

（4）微进给可能。滚动摩擦启动力小，无爬行，能实现精确的细微进给。

（5）可高速进给。运动效率高，发热小，可实现高速进给运动。

3）选型步骤

（1）确定条件。确定负载、进给速度、运行模式、丝杆转速、运动行程、安装方向、使用寿命及定位精度。

（2）预选规格。根据确定好的使用条件，预选出滚珠丝杆精度等级（C3～C10）、丝杆直径、螺距及长度。

（3）确认基本安全性。

① 容许轴向负载，确认轴向负载在丝杠轴的容许轴向负载值范围内。

② 容许转速，确认丝杠轴的转速在其容许转速值范围内。

③ 寿命，计算丝杠轴的寿命时间，确认可以确保所需的寿命时间。

（4）其他性能要求。若要提高精密定位精度及控制时的响应速度，还需要进行下列确认：① 丝杆轴的刚性；② 温度引起的寿命变化。

详细选型计算过程参见各供应商提供的相关资料。

4）安装方式

滚珠丝杆副的安装方式与其轴向载荷及容许转速有紧密的关联，在设计时需要根据实际应用场合及相关要求综合进行考虑。安装方式与容许转速之间的关系如图 7-45 所示。

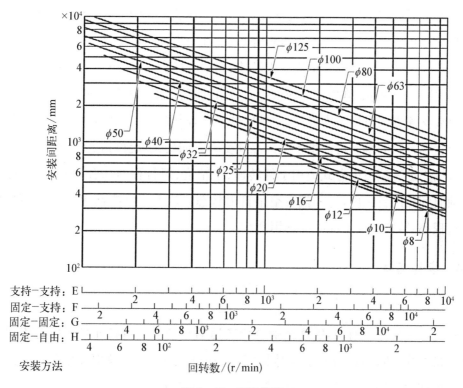

图 7-45　容许转速

滚珠丝杆副的安装方式主要是指其两端是固定还是支撑，由此产生 4 种情况，分别是两侧固定、一端固定一端支撑、两端支撑和一端固定一端自由。滚珠丝杆具体安装结构如图 7-46 所示。

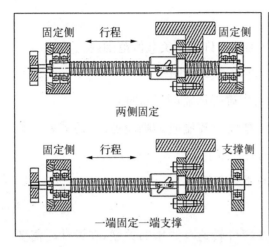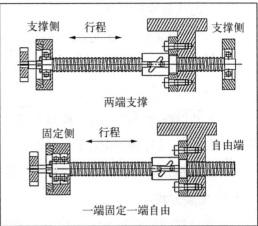

图7-46 滚珠丝杆具体安装结构

两端固定方式适用于高转速、高精度的场合,两端分别由一对轴承约束轴向和径向自由度,负荷由两组轴承副共同承受。在定位要求很高的场合,甚至可以根据受力情况和丝杆热变形趋势精确设定行程补偿量,进一步提高定位精度。

一端固定一端支撑方式适用于中转速、高精度场合,一端由一对轴承约束轴向和径向自由度,另一端由单个轴承约束径向自由度,负荷由一对轴承副承受。

两端支撑方式适用于中转速、中精度的场合,两端分别安装有一个轴承分别承受径向力和单方向的轴向力。由于受力点随受力方向变化,定位精度较低。

一端固定一端自由方式适用于低转速、中精度、短行程的场合,一端由一对轴承约束轴向和径向自由度,另一端悬空呈自由状态。该方式结构简单,承受负载较小,但在行程小、转速低的工况中经常用到。

7.5.4 齿轮齿条

1) 齿轮简介

齿轮是指轮缘上有齿,能连续啮合传递运动和动力的机械元件。齿轮传动具有传动平稳可靠、传动效率高、能保持恒定的瞬时传动比、结构紧凑、使用寿命长等特点。齿轮在电工装备中有着普遍的应用。例如,在横剪的放卷机构中,驱动放卷头旋转的直齿轮副和通道宽度调节换向机构中的锥齿轮副。此外,齿轮还有自动叠装设备中驱动抓具模块移动可选用的齿轮齿条副。齿轮齿条实物如图7-47所示。

2) 常见种类

齿轮种类繁多,在这里只介绍比较常见的几种,如图7-48所示。

图 7-47　齿轮齿条实物

(a) 直齿圆柱齿轮　　　　　　(b) 斜齿圆柱齿轮　　　　　　(c) 直齿锥齿轮

图 7-48　齿轮

当然,在日常工作中所见到的齿轮基本上都以传动副的形式出现,如齿轮传动副和齿轮齿条传动副。

3) 主要失效形式

齿轮传动过程中,在载荷的作用下,如果发生轮齿折断、齿面磨损等现象,齿轮就失去了正常的工作能力,称之为失效。

(1) 轮齿折断。轮齿折断是齿轮失效的重要形式,齿根处的弯曲应力最大,而且应力集中,所以齿轮折断一般发生在轮齿根部。

折断原因有两种:一种为受到过载或冲击,发生突然折断;另一种为疲劳裂缝逐渐扩大,引起疲劳折断。

(2) 轮齿的点蚀。当轮齿工作时,齿面接触处将产生循环的接触应力。当接触应力和重复次数超过某一限度时,轮齿表面就会产生细微的疲劳裂纹,形成麻点和斑坑,这种现象称为点蚀。

(3) 齿面胶合。齿轮在高速重载的闭式传动环境中,齿面间的润滑油因温度过高从而黏度急剧降低,使油膜破裂。

抑或是齿轮在低速重载的闭式传动环境中,由于齿面间压力大,而齿面油膜形成的相对速度不够,故油膜不易形成。

在上述两种情况下,常因两齿面发生金属直接接触,发生表面金相变化,当两齿相互滑动时,就会在较软的齿面上撕下一部分材料粘接在另一较硬的齿面上,从而在较软的齿面上沿滑动方向形成胶合沟纹,这种失效形式称为齿面胶合。

(4)齿面磨损。齿轮在传动过程中,齿面有相对滑动,因此齿根及齿顶部分相对磨损较大。如果润滑不良或者是开式传动环境灰尘堆积等其他因素,则磨损将更加迅速和严重。磨损后的齿廓已经不是原渐开线,齿侧间隙增大,轮齿变薄,容易引起冲击、震动和噪声,甚至发生轮齿折断现象。

(5)轮齿塑性变形。齿面较软的齿轮,在低速重载的条件下工作时,由于齿面压力过大,在摩擦力作用下,使齿面金属产生塑性流动,从而失去原来的正确齿形,这种现象称为轮齿的塑性变形。

4)齿轮失效的防止方法

(1)防止轮齿突然折断。应当避免传动过程中过载和冲击。防止轮齿疲劳折断:应进行齿根弯曲疲劳强度计算。采用增大模数、增加齿宽,选用合适的材料和热处理加工方法。

(2)防止轮齿的点蚀。采用合适的材料和齿面硬度,提高接触精度,增大润滑油的黏度等方法。

(3)齿面磨损。提高齿面硬度,采用适当的材料组合,改善润滑条件定期更换传动润滑油。

(4)防止齿面胶合。对于低速传动系统可采用高黏度润滑油的方法。对于高速传动系统中,可采用在润滑油液中加入二硫化钼等添加剂,使油液活性化,能较牢地粘附在齿面上,还可选择不同材料使两齿面不宜粘连,提高齿面的硬度,降低表面粗糙度等。

(5)防止轮齿塑性变形。选用屈服极限较高的材料,适当提高齿面硬度和润滑油黏度,尽量避免频繁启动和过载。

7.5.5 联轴器

1)种类和应用

在非标自动化设备的传动机构中,通常用到的联轴器有两种:一种是膜片式联轴器,另一种是梅花联轴器。其中,膜片式联轴器又分为单膜片和双膜片两种类型,如图 7 - 49 所示。

(a) 单膜片联轴器

(b) 双膜片联轴器

(c) 梅花联轴器

图 7 - 49　联轴器示例图

膜片式联轴器通常用于传动精度要求较高的扭矩输出轴与输入轴之间的连接,如精确定位的伺服电机轴与滚珠丝杆之间。另外,根据具体机构中可以允许的偏角和偏心数值来确定,是选用单膜片联轴器还是双膜片联轴器。一般来讲,双膜片式可补偿径向、角向、轴向偏差;单膜片式则不能补偿径向偏差。

梅花形联轴器则应用于传动精度不是太高的扭矩传递连接处。如减速电机的输出轴与同步轴之间。

2) 膜片式联轴器的优点

(1) 高刚性、高转矩、低惯性。

(2) 采用环形或方形弹性不锈钢片变形。

(3) 大扭矩承载,高扭矩刚性和卓越的灵敏度。

(4) 零回转间隙、顺时针和逆时针回转特性相同。

(5) 免维护、超强抗油和耐腐蚀性。

3) 梅花联轴器的优点

(1) 紧凑型、无齿隙,提供三种不同硬度弹性体。

(2) 可吸收振动,补偿径向和角向偏差。

(3) 结构简单、方便维修、便于检查。

(4) 免维护、抗油及电气绝缘、工作温度 20~60 ℃。

(5) 梅花弹性体有四瓣、六瓣、八瓣和十瓣。

(6) 固定方式有顶丝,夹紧,键槽固定。

7.5.6 轴承

1) 分类

轴承按照摩擦性质分为滑动轴承和滚动轴承,按承载方向分为向心轴承和推力轴承。轴承内部结构拆解如图 7 - 50 所示。

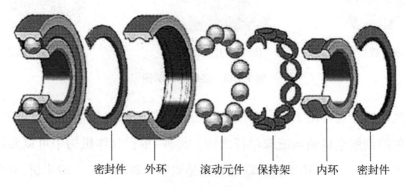

密封件　外环　　滚动元件　保持架　内环　密封件

图 7 - 50　深沟球轴承拆解图

2) 选型因素

在轴承选型时需要综合考虑转速,载荷方向、大小,刚度要求、经济性等因素,具体介绍如下:

(1) 载荷方向、大小和性质。所有的向心轴承均可承受径向载荷,所有推力轴承均可承受轴向载荷,同时承受径向、轴向载荷(联合载荷)时可选用角接触球轴承和圆锥滚子轴承。

载荷的大小通常是由轴承尺寸决定的。尺寸越大的轴承可以承受的载荷相对越大。一般而言滚子轴承的承载能力大于相同尺寸的球轴承。满滚子轴承比相应带保持架的轴承能承受更重的载荷。所以,球轴承大多用于中等或较小的负荷。在重负荷和大轴径的情况下,滚子轴承一般更为合适。

角接触球轴承和圆锥滚子轴承需要成对安装使用,如图 7 - 51 所示。当载荷不是作用在轴承的中心时,会产生倾覆力矩。这种情况下最好使用双列的轴承(如双列深沟球轴承或双列角接触球轴承等),也可使用面对面或背对背配对的单列角接触球轴承或圆锥滚子轴承,一般背对背轴承的承受能力更高。

(2) 转速。一般轴承工作转速应低于轴承型号表中所列极限转速。深沟球轴承、角接触球轴承和圆柱滚子轴承极限转速较高,适用于高速运转场合。推力轴承极

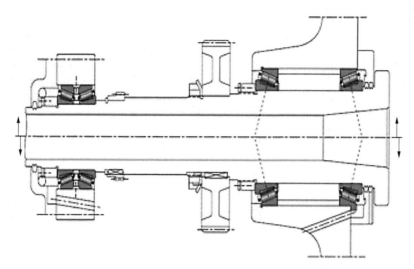

图 7 - 51　圆锥滚子轴承的安装

限转速较低。

（3）支承限位要求。旋转机械的轴或其他部件,通常由一个固定端轴承和一个浮动端轴承所支承。能承受双向轴向载荷的轴承,可以用作固定支承限位两个方向的轴向位移。只能承受单方向轴向载荷的轴承可以作单向限位支承。浮动支承不限位,可选用内外圈不可分的向心轴承在轴承座孔内游动,也可选用内、外圈可分离的圆柱滚子轴承,其内外圈可以相对游动。

轴承选用的常见支承结构参见《机械设计手册（电子版）》中《轴承》部分,如图 7 - 52 所示。

（4）调心性能。由于各种可能的原因不能保证两个轴承座孔同轴度或轴的挠度较大时,应选用调心性能好的调心球轴承、调心滚子轴承、推力球面滚子轴承。这些轴承可以承受在负荷作用下产生的角度误差,还能补偿因加工或安装失误造成的初始误差,而深沟球轴承、圆柱滚子轴承不能承受任何的角度误差。

（5）刚度要求。滚动轴承的刚度是指在负荷作用下,轴承出现弹性变形的程度。这种变形一般很小,可以忽略不计。但在某些应用中,如机床主轴的轴承或小齿轮轴承,刚度就非常重要。

（6）其他。在径向空间受限制的场合可选用滚针轴承或滚针和保持架组件,对轴承振动、噪声有要求的场合,可选用低噪声的深沟球轴承,要求高旋转精度的轴承（如机床主轴）和应用于高转速的工况,应选用精度高于普通级的轴承。

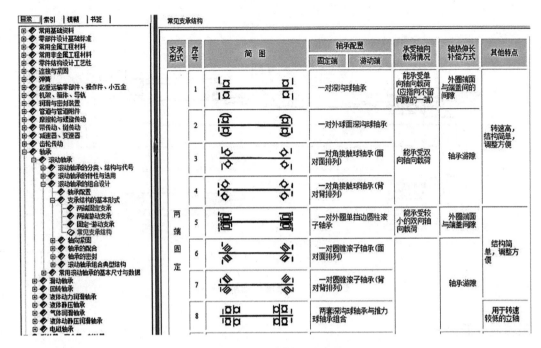

图 7-52　轴承常见支承结构

3）示例

在非标自动化设备传动机构中,较常见的是采用滚珠丝杆将扭矩转化为轴向推力的方式实现机构运动,滚珠丝杆两端支撑方式如图 7-53 所示。

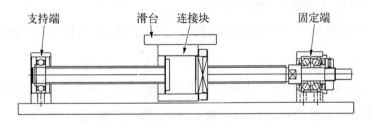

图 7-53　滚珠丝杆两端支撑方式

滚珠丝杆的固定端为扭矩输入端,连接减速机或伺服电机的输出轴,该端需要有较高的位置精度。所以,在设计时选用成对使用的角接触球轴承背对背的安装方式,可以实现固定端能承受较大的轴向载荷,从而保证丝杆的轴向定位可靠。

支持端为防止因装配、温度等因素引起丝杆的轴向变形对运动精度产生影响,选用单只深沟球轴承浮动安装方式,可以有效保证支持端在轴向处于自由状态。

图 7-53 所示结构是滚珠丝杆安装时较为常用的结构。当然,设计时也需要结合具体工况,对照滚珠丝杆供应商提供的不同安装方式的参数进行合理选择。

参 考 文 献

［1］赵静月.变压器制造工艺［M］.北京：中国电力出版社,2009.

［2］梁红梅.变压器结构与工艺［M］.天津：天津大学出版社,2012.

［3］谢毓诚.电力变压器手册［M］.北京：机械工业出版社,2003.

［4］变压器制造技术丛书编审委员会.变压器铁心制造工艺［M］.北京：机械工业出版社,1998.

［5］变压器制造技术丛书编审委员会.变压器铁心制造工艺［M］.北京：机械工业出版社,2008.

［6］刘超,周恩权,言勇华.工业机器人作业系统集成开发与应用：实战与案例［M］.北京：化学工业出版社,2021.

［7］彼德罗夫.变压器：基础理论［M］.李文海,译.沈阳：辽宁科学技术出版社,2015.

［8］机械工业职业技能鉴定指导中心.变压器基础知识［M］.北京：机械工业出版社,2007.

［9］李丹娜,孙成普.电力变压器应用技术［M］.北京：中国电力出版社,2009.

［10］变压器杂志编辑委员会.变压器技术大全：1964～1993 变压器精选［M］.沈阳：辽宁科学技术出版社,1999.

［11］赵永志,刘世明.智能变压器设计与工程应用［M］.北京：中国电力出版社,2015.

［12］库尼卡.变压器工程：设计、技术与诊断［M］.陈玉国,译.北京：机械工业出版社,2016.

［13］张亚平,徐伟,凌海军,等.基于 VisionPro 的自动叠片视觉识别系统研究与应用［J］.变压器,2023,60(11)：32－37.

［14］庄飞,温宇舟.电力变压器铁心自动叠片工艺研究［J］.变压器,2022,59(7)：12－15.

［15］张华杰,李彦虎,赵丹.一种桁架式变压器铁心叠装设备的研究［J］.变压器,

2022,59(9)：10－13.

[16] 张智臻,张华杰,李彦虎,等.变压器铁心智能叠装技术及发展方向[J].变压器,2020,57(3)：20－22.

[17] 宋悠全,李高龙,姚秋华,等.叠片工艺孔对变压器铁心性能影响分析[J].变压器,2019,56(8)：14－18.

[18] 周彩玲,姜振军,吴润哲,等.全自动变压器铁芯硅钢片叠片装置的研发[J].现代机械,2019(1)：58－62.

[19] 马冲,侯仰风,王田,等.立体卷铁心和传统叠铁心的比较浅析[J].电子质量,2017(6)：6－8,36.